奇妙的自然现象丛书

QIMIAO DE ZIRAN
XIANXIANG CONGSHU

流畅细致的文字
精美独特的插图 大方优雅的版面

本书编写组◎编

风霜露

广州·上海·西安·北京

图书在版编目（CIP）数据

风霜露/《风霜露》编写组编 . —广州：广东世界图书出版公司，2010.7（2021.11 重印）

ISBN 978 − 7 − 5100 − 2512 − 9

Ⅰ. ①风… Ⅱ. ①风… Ⅲ. ①风 − 普及读物②白霜 − 普及读物③露 − 普及读物 Ⅳ. ①P425 − 49②P426.3 − 49

中国版本图书馆 CIP 数据核字（2010）第 147777 号

书　　名	风霜露	
	FENG SHUANG LU	
编　　者	《风霜露》编委会	
责任编辑	康琬娟	
装帧设计	三棵树设计工作组	
责任技编	刘上锦　余坤泽	
出版发行	世界图书出版有限公司　世界图书出版广东有限公司	
地　　址	广州市海珠区新港西路大江冲 25 号	
邮　　编	510300	
电　　话	020-84451969　84453623	
网　　址	http://www.gdst.com.cn	
邮　　箱	wpc_gdst@163.com	
经　　销	新华书店	
印　　刷	三河市人民印务有限公司	
开　　本	787mm×1092mm　1/16	
印　　张	13	
字　　数	160 千字	
版　　次	2010 年 7 月第 1 版　2021 年 11 月第 6 次印刷	
国际书号	ISBN　978-7-5100-2512-9	
定　　价	38.80 元	

序　言

地球上大气、海洋、陆地和冰冻圈构成了所有生物赖以生存的自然环境。自然现象，是在自然界中由于大自然的自身运动而自发形成的反应。

大自然包罗万象，千变万化。她用无形的巧手不知疲倦地绘制着一幅幅精致动人、色彩斑斓的巨画，使人心旷神怡。

就拿四季的自然更替来说，春天温暖，百花盛开，蝴蝶在花丛中翩翩起舞，孩子们在草坪上玩耍，到处都充满着活力；夏天炎热，葱绿的树木为人们遮阴避日，知了在树上不停地叫着。萤火虫在晚上发出绿色的光芒，装点着美丽的夏夜；秋天凉爽，叶子渐渐地变黄了，纷纷从树上飘落下来。果园里的果实成熟了，地里的庄稼也成熟了，农民不停地忙碌着；冬天寒冷，蜡梅绽放在枝头，青松依然挺拔。有些动物冬眠了，大自然显得宁静了好多。

再比如刮风下雨，电闪雷鸣，雪花飘飘，还有独特自然风光，等等。正是有这些奇妙的自然现象，才使大自然变得如此美丽。

大自然给人类的生存提供了宝贵而丰富的资源，同时也给人类带来了灾难。抗御自然灾害始终与人类社会的发展相伴随。因此，面对各类自然资源及自然灾害，不仅是人类开发利用资源的历史，而且是战胜各种自然灾害的历史，这是人类与自然相互依存与共存和发展的历史。正因如此，人类才得以生存、延续和发展。

人类在与自然接触的过程中发现，自然现象的发生有其自身的内在规律。

当人类认识并遵循自然规律办事时，其可以科学应对灾害，有效减轻自然灾害造成的损失，保障人的生命安全。比如，火山地震等现象不是时刻在发生。它是地球能量自然释放的现象。这个现象需要时间去积累。这也正是为什么火山口周围依然人群密集的原因。就像印度尼西亚地区的人们一样，他们会等到火山发泄完毕，又回到火山口下种植庄稼。这表明，人们已经认识到自然现象有相对稳定的一面，从而好好利用这一点。

当人类违背自然规律时，其必然受到大自然的惩罚。最近十年，人类对大自然的过度索取使得大自然面目全非。大自然开始疯狂的报复人类，比如冰川融化，全球变暖，空气污染，酸雨等，人类所处的地球正在经受着人类的摧残。

正确认识并研究自然现象，可以帮助人们把握自然界的内在规律，揭示宇宙奥秘。正确认识并研究自然现象，还可以改善人类行为，促进人们更好地按照规律办事。

本套丛书系统地向读者介绍了各种自然现象形成的原因、特点、规律、趣闻趣事，以及与人类生产生活的关系等内容，旨在使读者全方位、多角度地认识各种自然现象，丰富自然知识。

为了以后我们能更好的生活，我们必须去认识自然，适应自然，以及按照客观规律去改造自然。简单说，就是要把自然看作科学进军的一个方面。

contents

引　言

　　大自然亘古至今，受日月之光华，承风霜露之陶冶，纳百川，归大地，养生灵，滋万物，为保护所有生命物种的生存繁衍，造就了一种任何力量都无法改变的生态秩序。风、霜、露无疑是其中性格迥异的三兄弟。

　　关于大哥风的来历，有个美丽的传说。

　　相传，在古希腊，有弟兄四人，被困在天边的山洞里。不知过了多少年，神搬走了堵在洞口的巨石，四兄弟冲出山洞，向四方奔去，带来了狂风。向东的叫塞佛勒斯，带来了西风；向南的叫勃里阿斯，带来了北风；向西的叫孟勒斯，带来了东风；向北的叫诺特斯，带来了南风。

　　过了 2000 多年，人们从实践中认识到，风其实不是四兄弟奔跑形成的，而是一种自然现象。各地的大气压是不同的，相邻的两个地方存在气压差，于是空气会从气压高的地方向气压低的地方流动，形成风。气压差方向不同，形成的风风向不同。气压差越大，风也越大。风，虽然看不见、摸不着，但时刻在影响着我们。

　　在寒冷季节的清晨，草叶上、土块上常常会覆盖着一层白色的结晶，它就是风的二弟霜。它们在初升起的阳光照耀下闪闪发光，待太阳升高后就融化了。人们常常把这种现象叫"下霜"。

翻翻日历，每年 10 月下旬，总有"霜降"这个节气。我们看到过降雪，也看到过降雨，可是谁也没有看到过降霜。其实，霜不是从天空降下来的，而是在近地面层的空气里形成的。

通常，日出后不久霜就融化了。但是在天气严寒的时候或者在背阴的地方，霜也能终日不消。

性格最为温柔的三弟露，常常出现在温暖季节的清晨。人们在路边的小草、树叶及农作物上经常可以看到它们的身影。其实，露也不是从天空中降下来的，它的形成原因和过程与霜一样，只不过它形成时的温度在 0℃ 以上罢了。在 0℃ 以上，空气因冷却而达到水汽饱和时的温度叫做"露点温度"。在夏季晴朗的早晨，由于气温较低，地面的热量迅速向外辐射，近地面层的空气温度很快降低。当实际温度低于露点温度时，空气中的水蒸汽遇到较冷的花草或树叶表面便会凝结成小水珠，成为露水。

其实，无论是风、霜还是露，都是大自然的杰作。现在，就让我们走近它们，共同了解、感受大自然的奇妙。

2

第一章

大自然的风霜露

  大自然是奇妙的，它哺育了人类，给予人类生存的各种条件，是它编织出了一棵树、一朵花、一根草、一道山泉，甚至是空气里的一粒微尘……大自然无所不在，只要你用心去发觉、去感受，你就能看到大自然的绝美风景！本章，我们就来领略一下大自然中风霜露的风采。

一、风从哪里来

　　彩旗飘舞，树枝摇曳，尘沙飞扬，海浪奔涌……这些都是空气流动的表现。空气一流动，就形成了风。

　　可是，空气为什么会流动呢？

　　让我们先来做个实验吧。在一个纸盒底上，挖两个圆洞，把它底朝天反扣在桌上。拿半截蜡烛，点燃，放在一个圆洞里。再拿两个煤油灯罩，分别插在两个圆洞上。然后，拿一根点着的香，先后放在两个灯罩上，看会发生什么现象。把香放在点燃蜡烛的灯罩上，烟仍旧笔直往上升。把香放在另一个灯罩上。烟却往下沉，钻到灯罩里去了。

　　原来，这时候，两个灯罩里的气压是不相同的。空气会热胀冷缩，尽管两个灯罩一般大，但是点燃蜡烛的灯罩里的空气，比没有蜡烛的灯罩里的空气热一些，体积就膨胀起来，密度变得小一些，重量也较小一些，也就是气压低一些。由于热空气的气压比冷空气的低，就容易膨胀上升。热空气上升后，周围的冷空气由于密度较大，气压较高，就会流过去填补空缺。这样一来，空气由于气压不同就流动起来了。

　　在地面上，太阳光照射的地方，温度就慢慢上升，也就是把贴近地面的空气烘热了。然而，地球表面各处照射到的太阳光是很不均匀的。赤道附近光照最强，至两极附近光照则很弱。就局部地区来说，有寸草不生的沙漠或秃坡，有长满庄稼的田野，有茂密的森林，还有江河与海洋，被太阳光照热的程度也各不相同。于是，近地面的空气也变得有些地方比较冷，有些地方比较热。热空气膨胀起来，变得比较轻，就往上升，这时附近的冷空气便进来填补，冷空气填进来遇热又上升，这样冷热空气就不断流动起来了。

冷而密的空气压力大，气象学上叫它高气压，暖而稀疏的含水汽多的空气压力比较小，就叫做低气压。空气总是要从比较密的地方向比较稀疏的地方流，也就是总是从高气压的地方流向低气压的地方。这正像水库里的水，从水位高、水压力大的水库，向水位低、水压力小的水渠稻田流去一样。

不过，大的空气团的流动按其流动方向，上下流动叫垂直运动，左右流动叫水平运动。而小块空气的流动从来就不遵循什么水平方向和垂直方向。在气象学上，空气极不规则、杂乱无章的运动称为湍流，空气垂直运动叫做对流。空气的水平流动和有水平分量的空气流动才称为风。空气从气压高的地方流向气压低的地方，而且只要有气压差存在，空气就一直向前流动，这就是风。

是什么力量推动空气向前流动呢？是气压梯度力。

地球上同一高度上的不同地点，气压一般是不相等的。有的地方气压高，有的地方气压低。通过一张海平面气压分布图，我们能很清楚地看到这一点。在气象台的海平面气压分布图上画着一条条曲曲弯弯的等压线，顾名思义凡是同一条等压线经过之处，那里的海平面气压都是相等的。等压线的分布有疏有密，这

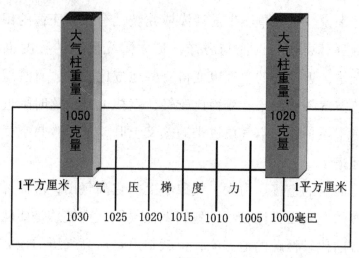

气压梯度力

种等压线的疏密程度表示了单位距离内气压差的大小，称为气压梯度，等压线愈密集，表示气压梯度愈大。这和地形分布图上地形等高线的疏密分布表示坡度的平陡也有相似之处。地形等高线愈是稀疏，表示那里地势比较平坦，而在地形等高线非常密集的地方，那里一定是个陡坡。如果在斜坡上造起每级高度相等的石阶梯，每一石级相当于一条地形等高线，那么石阶梯的坡度愈

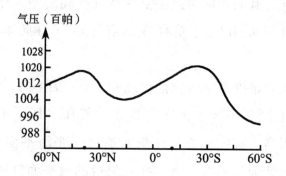

某月沿0°经线海平面平均气压分布图

大，石级的间隔距离便愈短，地形等高线愈密集，而平坦的石阶梯坡度则相应的地形等高线必愈疏。既然气压分布图上的等压线可以比喻为地形分布图上的等高线，那么气压梯度也就好比石阶梯的坡度了。

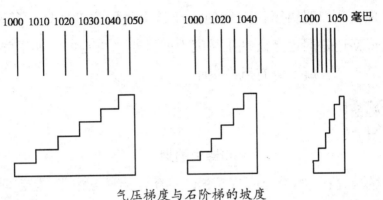

气压梯度与石阶梯的坡度

各地的气压如果发生了高低的差异，也就是说两地之间存在气压梯度的话，气压梯度就会把两地间的空气从气压高的一边推向气压低的一边，于是空气就流动起来了。

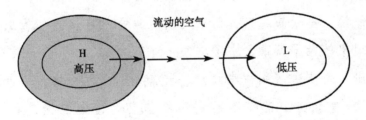

空气从气压高的一边推向气压低的一边

气压梯度怎么会产生能推动空气运动的力量呢？这可以拿江河中的水流来打比方。水从高处流向低处，是因为高处的水和低处的水存在着水位差，从而使上下游同一水平面上的两点之间发生了重力差异，上游处所受水柱重力显然要大于下游处。于是便产生从上游压向下游的旁压力，水就在这种旁压力的作用下顺着倾斜河床从上游流向下游，从高处流向低处。两地间水位差愈大，两点之间的重力差异也愈大，水就流得愈快。

现在我们明白了：空气的流动是由气压梯度力推动起来的，风刮得猛还是弱也是由气压梯度力的大小来决定的。如果气压梯度力等于零，就不会有风产生了。

诗中的风

常听说："熟读唐诗三百首，不会作诗也会吟。"是否当真如此，恐怕还得看个人的天赋与用功的程度，但诗中有天气却是不争的事实。在清蘅塘退士所编且流传甚广的唐诗（共选320首）中，有"雨"或"露"字的诗就有69首，而有"风"字的更达100篇，其他非关天气的字恐无出其右者。此无他因，实因诗人思绪敏锐，见景易起兴，而兴之所至信手拈来，佳句天成，自然界的现象就融于篇章之中了。

唐·司徒曙《别卢秦卿》一诗就说："无将故人酒，不及石尤风。"是感伤中带有不忍别离的佳句。诗句里提到的"石尤风"其实就是大风，或逆风。据说古时有尤氏女嫁做石姓商人为妇，她因夫君重利轻别，闺中相思成疾而故，临终誓为"大风"以阻人外出，所谓："愿作石尤风，四面断行旅。"

二、测量风速

风是一个矢量，用风向和风速表示。地面风是指离地平面10～12米高的风。风向是指风吹来的方向，一般用16个方位或360°表示。以360°表示时，由北起按顺时针方向度量。风速指单位时间内空气的水平位移，常以米/秒、千米/时、海里/时表示。

在靠近地面平面的上空，风速由于受地物的影响与空中有很大的不同，所以地面观测以宽广而平坦的地面、离地10米的观测值作为标准值。其风速值通常用电动式测风器或齿轮、电感式测风器测得。由于风速随离开地面的高度升高而增大，因此风速仪器统一规定安装在离地面10～12米的高度上。

由于风速总有阵性，读瞬时风速代表性不大，因此观测风速规定取2分钟的平均值。只要风速仪的指针一旦达到17米/秒，气象员就必须记载这一天为大风日，而不管它持续多长时间。大风日数是一种很重要的天气日数。如果观测时没有风，则称为静稳，用符号C表示，写在观测簿内。对风的观测还要进行年、月的统计。

气象部门一般采用专用的观测设备进行风的观测，常用的风向风速测量仪器主要有风向标、风速表、自动风速风向记录仪以及自动气象站等。现在我国的测风仪器主要是国产的电接风向风速仪，是风杯式的。

风速大小还可用风力等级来表示。1805 年，英国人 F·蒲福根据风对地面（或海面）物体的影响，提出了风力等级表。目测风时，根据风力等级表中各级风的地物特征，即可估计出相应的风速。

蒲福最初是根据风对炊烟、沙尘、地物、渔船、海浪等的影响大小将其分为 0 ~ 12 级，共 13 个等级。后来，又在原分级的基础上，增加了相应的风速界限。自 1946 年以来，风力等级又作了扩充，增加到 18 个等级（0 ~ 17 级）。

风力等级表

风级	名称	风速（米/秒）	陆地地面物象
0	无风	0.0 ~ 0.2	静，烟直上
1	软风	0.3 ~ 1.5	烟能表示风向，但风向标尚不能指示风向
2	轻风	1.6 ~ 3.3	人面感觉有风，树叶有微响，风向标能随风转动
3	微风	3.4 ~ 5.4	树叶与微枝摇动不息，旌旗展开
4	和风	5.5 ~ 7.9	灰尘和碎纸扬起，小树枝摇动
5	劲风	8.0 ~ 10.7	有叶的小树枝摇动，内陆水面有小波浪
6	强风	10.8 ~ 13.8	大树枝摇动，电线呼呼有声，打伞困难
7	疾风	13.9 ~ 17.1	全树摇动，逆风步行感到困难
8	大风	17.2 ~ 20.7	树枝折断，逆风行进阻力甚大
9	烈风	20.8 ~ 24.4	发生轻微的建筑破坏
10	狂风	24.5 ~ 28.4	内陆少见，有些树木拔起，建筑物破坏较重
11	暴风	28.5 ~ 32.6	极少遇到，伴随着广泛的破坏

风级	名称	风速（米/秒）	陆地地面物象
12	飓风	32.7 ~ 36.9	摧毁力极大
13	—	37.0 ~ 41.4	
14	—	41.5 ~ 46.1	
15	—	46.2 ~ 50.9	
16	—	51.0 ~ 56.0	
17	—	56.1 ~ 61.2	

三、观测风向

风向是指风吹来的方向，如空气自东而来称为东风，空气自北而来称为北风，所以风向标箭头指的方向就是当时的风向。

3000 多年前，我国殷代就有东、西、南、北风的名称了。那时候，东风叫"劦"（音协），南风叫"凯"（音凯），西风叫"夷"，北风叫"殹"（音寒）。以后逐渐发展到封建社会初期，春秋《左传》中记载的风向扩展到 8 个方位，即不周风（西北风），广莫风（北风），条风（东北风），明庶风（东风），清明风（东南风），景风（南风），凉风（西南风），阊阖风（西风）。到了唐代，风的观测又扩展到 24 个方位。唐代科学家李淳风在《乙己占》中的一张占风图里，不仅列出了 24 个风向的名称，并且指出这些方位是 8 个天干、4 个卦名、十二辰（地支）组合而成的。"子"指北方，"午"指南方，"卯"指东方，"酉"指西方。还举例说明了判定风向的方法。

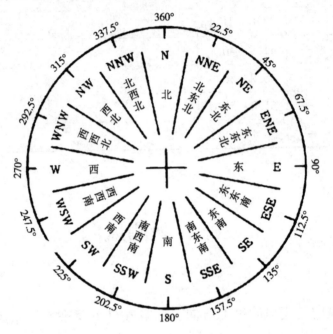

风向 16 方位图

现在，风向在地面用方位表示，如陆地上，一般用 16 个方位表示；海上多用 36 个方位表示；在高空则用角度表示。用角度表示风向，可以把圆周分成 360°，北风（N）是 0°（即 360°），东风（E）是 90°，南风（S）是 180°，西风（W）是 270°，其余风向的度数都可以由此计算出来。

为了表示某方向风出现的多少，通常用"风向频率"这个量，它是一年（月）内某方向风出现的次数占各方向风出现的总次数的比例（用百分数表示），即

风向频率＝某风向出现的次数/风向的总观测次数×100%

由风向频率，可以知道某一地区哪种风向最多，哪种风向比较多，哪种风向最少。例如风向频率中 N 为 11%，就是北风出现的频率为 11%。我国属于东亚季风区，华北、长江流域、华南及沿海地区，冬季多刮偏北风（北风、东北风、西北风），夏季多刮偏南风（南风、东南风、西南风）。

风向的变化常常很快，因而气象上观测风向有瞬间风向和平均风向之分。通常所说的风向不是瞬间的风向，而是观测 2 分钟的平均风向。空中风向是施放测风气球或用雷达探测其方位角和仰角，然后经过计算得出来的。离地面 10 米上空的风向，通常用电动式测风器测得。

人类对风向的观测由来已久。

在希腊雅典城，2000 多年前就建立了一座测风塔。塔呈八角形，有 8 个面，每一面对应着一个方位。在 8 个不同方位的 8 个面上有 8 个形象、衣着、装饰不同的男人浮雕像，表示当地的风和天气特征。

面向北的一个浮雕是一位白胡须老人，穿着厚厚的服装，手中拿着放在嘴上的海螺壳。表示当地北风劲吹时呼呼作响，会带来寒冷和暴风雪；面向东北的浮雕是一位穿着考究、挽着衣袖、露出手臂的老人，手持盛有冰雹的盾牌，盾牌倾斜着。表示当地吹东北风时，多阴雨天气，有时会下雪或下冰雹；面向东的浮雕是一位健美的年轻人，手臂上挂满了水果、蔬菜、谷物。表示当地吹东风时，会捎来雨水，风调雨顺，五谷丰登；面向东南的浮雕是一位身披斗篷、穿着一件紧身短上衣、空着手的人。表示当地吹东南风时，常带来大量阵雨，天气潮湿，多风暴；面向南的浮雕是一位穿薄薄外衣的年轻人，带着一个刚倒空的水坛，好像刚洗过澡。表示当地吹南风时，天气异常闷热潮湿；面向西南的浮雕是一位露着腿、赤着脚的年轻人，手持一只古代船的模型。表示当地西南风从海上来，风力强劲，常使水手恐惧不安；面向西的浮雕是一位身披敞开的斗篷、脚下缀满花朵的漂亮的年轻人。表示当地吹西风时，有利于出海远航；面向西北的浮雕是一位身着保暖衣的老人，一手拿着一只黄铜制成的火罐，另一手在撒火罐里的灰和燃烧着的煤。表示当地吹西风时，天气十分干燥。

在塔的顶上，装有一个半人半鱼状用青铜制成的风向标，可绕轴自由转动。人们通过塔上风向标指示的风向和对应的浮雕，就可以知道风的特征和未来的天气。

我国古代也有类似的测风仪器。公元前 2 世纪，西汉《淮南子》中记载有一种叫"鋗"（hōng）的风向器，它很可能是由风杆上系了布帛或长条旗的最简单的"示风器"演变过来的。《淮南子》中说，"鋗"在风的作用下，没有一刻是平静的。说明这种风向器相当灵敏。

东汉时代的风向器除"鋗"外，还有"铜凤凰"和"相风铜乌"两种。公元前 104 年，汉武帝太初元年在古都长安建造了一座大宫殿，叫建章宫。建章宫的屋顶上装了 4 只铜凤凰，铜凤凰下面都装有转轴，来风时凤凰的头向着风好像要飞起来。但是这种风向器，后来渐渐演变为装饰品，失去了作为风向器的作用。至于相风铜乌，这是一种铜做的风向器。"相风"是观测风的意思，"乌"是一种鸟。它装在汉代有专门观测天文气象的灵台上。最初它造得比较笨重，要在风很大的时候，"乌"才随风转动，指着风的来向。以后经过不断改进，渐渐变得比较轻巧灵敏，小风吹来也能够转动。"相风铜乌"比欧洲的"候风鸡"要早1000多年。

到了晋代，出现了木制的相风乌。以后相风木乌就渐渐普遍了。不过，木制的风向器也还是不太方便，它的构造比较复杂，只能安装在固定的地方。从军事和交通需要上来看，风向器还是采用更轻便的为好。这种更轻便的风向器是用鸡毛做的，由"鍭"等演变而来。所用的鸡毛重量五两到八两，编成羽片挂在高杆上，让它被风吹到平飘的状态，再进行观测，称为"五两"。这种风向器，在唐代以前就有了，在唐和唐以后，使用非常普遍。

目前，我国气象台站普遍采用国产的 EL 型电接风向风速计。它主要由双叶菱形风向标和三杯圆锥形转杯风速计构成。观测风向的风向标是由平衡锤和风标尾翼组成的不平衡装置。它可以绕轴自由转动，重心在转动轴的轴心上，在风力作用下，由于平衡锤小。尾翼叶大，两端受风力作用不一样，因此风向标必然以平衡锤迎着风向。当平衡锤指在哪个方向，就表示当时刮什么方向的风。

八风

苏东坡与佛印是至交好友，但心胸见地颇有出入。

有一天他们相对打坐，良久无语，一番入定后佛印称赞苏先生："施主看起来真像一尊佛。"接着反问："你看我呢？"东坡先生不假思索回曰："像极一摊牛屎。"而后就大模大样地走了。返抵家门适苏小妹出迎，乃喜孜孜地重述了上面的对话，还自以为羞辱了佛印，但小妹大不以为然，她说："你又输了，可知'狗眼看人低'乎？"为此苏先生闭门不出，并在门上挂起"八风吹不动"字幅，以彰显自己的入定功夫。此时佛印来访，见字后只在下面加了"放屁"二字即离去。东坡久等生疑，乃起身出门观看，只是已不见出家人身影，待回首一见佛印留字，顿时火冒三丈，草草更衣后即追赶而去，到了寺门只见一副对联曰："八风吹不动，一屁打过江。"东坡顿时气消，承认自己的修炼火候差佛印多矣！

文中的"八风"有两种内涵：一是指八方吹来的风。即不周（西北）、广漠（北）、条（东北）、明遮（东）、清明（东南）、景（南）、凉（西南）、阊阖（西）8 个风向；另风分为八级（风速大小），即动叶、鸣条、摇枝、坠叶、折小枝、折大枝、飞沙石、拔大树及根 8 个风级。前者约定于西周，后者则出自盛唐，历史久远，比起现在常用的蒲福氏风级不但早了千余年，而且内容尤有过之。

"八风"的另一种含义则是，佛学中所指的"利、衰、毁、誉、称、讥、苦、乐"8 种能煽动人心的凡务。东坡与佛印那次的争论即由在庙中打坐起，所指的八风应是后者，而导致苏学士生气的当然就是一个讥字了，如果我们用科学的眼光看他们的智斗，则就是第一种八风了。

四、风随高度而变化

1965 年 11 月 1 日，英国约克郡费尔桥电厂里，有 3 座高达 114.4 米的巨型冷却塔，被大风刮倒。

1940 年 10 月 7 日，世界最大悬桥之一——美国华盛顿州的塔康马桥（全长 1662 米），也被一次大风摧毁了。这两次事故对各国工程界的震动非常大。

这两次事故说明，架设高层建筑物或高耸建筑物，如建造现代城市的摩天大厦，以及像架设电视塔、气象塔、大型导航雷达天线，以及如长江大桥那样的大桥时，在设计中都需要考虑建筑物高度上的风的垂直分布和阵风强度，还要知道风在水平方向的分布情况。因为，风速大小往往对建筑物有着重要的影响。此外，大气污染、森林火灾的蔓延、灌溉、水库的蒸发、风蚀、风力发电装置的设计，以及发射卫星和火箭的气象保障等，都直接或间接地与风随高度的变化有关，都得准确地去计算风速随高度的变化规律。

气象学家做过这样的统计：当离地面 10 米高度上为 3 级风（风速 3.4～5.4 米/秒），平均风速为 4.4 米/秒时，在大约 20 米高的 6 层楼顶上，若平原地区则风速可增大 12%，即增大到 4.9 米/秒，而在大城市上空，风速却可增大 26%，即增大到 5.5 米/秒，也就是说，6 层楼顶这个高度的风已达到 4 级风了（风速为

5.5~7.9 米/秒）。如果在一个约有 200 米高的电视塔上，风速会增大得更多。

在气象学上，一般把从地面至 1000 米高处称为摩擦层。在摩擦层中，地面摩擦对气流的影响随高度增加而逐渐减小，所以，风速随高度的增加而增大。

空气在近地面附近运行时，地表对它会有阻力，这就是摩擦力。由于受地形起伏、植物和建筑物的影响，对前进的气流有摩擦阻力，大量消耗了气流的动能，所以风速减小。在多山、多森林的地带和大城市里，由于摩擦阻力很大，风速一般很小；在海面、平原、小城镇和农村里，由于摩擦阻力较小，风速则一般较大。地面粗糙时，气流在地面附近引起的湍流增加了高、低层空气的混合作用，因而使上下风速差变小。乱流愈强烈，上下风速差越小。

在山区，风随高度变化的规律和在平原上不完全一样。山谷底部摩擦阻力大，风速较小；山谷两侧近山顶或山脊处的气流，由于向两侧漫流扩散，从而产生摩擦阻力，风速也较小。只有在山谷底部以上一定高度，地面摩擦阻力小，气流也不能向两侧漫流扩散，峡谷效应最大，所以风速比山谷上部和下部都大。但是，高山顶上的风速与山麓相比，一般是山越高，山顶风速（比山麓）越大。在同样高差下，山峰愈陡，比值也愈大；反之，则比值愈小。

一般说来，当高度达到 1000 米左右时，地面摩擦力的影响便基本消失。在此高度以上称为自由大气，气流速度便主要决定于该高度上气压梯度的大小。观测表明，从摩擦层顶向上到 10~

厦门野山谷

12 千米的高度，风速随高度的增加而继续增大，在对流层顶（我国地面上空的平均高度是 10～12 千米）附近有一支狭窄的强风带（宽度约 3000 米），像一条弯弯曲曲的河流自西向东奔腾不息，风速达每秒几十米。大的可达 100～200 米/秒。这支几乎环绕全球的强风带称为急流。第二次世界大战中，美国空军轰炸日本时，投弹与实际目标误差竟达几百千米，后经查清，就是急流所致。在对流层顶上发生的急流统称高空急流。除了高空急流外，还有所谓低空急流，主要发生在对流层底层，其范围、风速、大小都比高空急流小，仅是一种局部现象，但与暴雨、雷雨等强对流天气有联系。

风向随高度也是有变化的。大致在陆地上，地面风向与 1000 米高度以上的风向相差 30°左右；在海洋上风向差要小，约为

15°。地面愈平滑，偏角也愈小，同时这个偏角随高度的增加而减小。在北半球偏角偏向左侧，而南半球则相反。

五、风随时间而变化

风不仅随高度变化，还会随时间而发生变化。

在近地面层，正常的风速日变化是午后最大，此后逐渐减小，到清晨最小，日出后风速又增强。白天风速的变化较夜间快得多，这在暖季和晴天尤为明显。离地面再高一点的地方，风速日变化恰好相反，最大值出现在夜间，最小值出现在白天。风速日变化的这种特征，夏季在地面到 100 米高处出现，而冬季只在地面到 50 米高的气层中出现。

风速的这种日变化，是因为午后太阳光的照射最强，地面吸收热量的总量相应地达到最大值，近地层空气也随之加热，膨胀上升，致使上空的冷空气下沉。通常由地面到大约 100 米的近地气层中，上层风大于下层风。由于气流的上下对流交换，高层速度较大的气流传播到低层，当到达地面后，多少还保持着原来的较大速度，使这时地面风速成为一天中的最高值。以后，由于地面热量渐渐减少，造成气温随高度升高的现象，于是近地面空气渐渐形成稳定结构，使空气的上下对流作用减弱，高空对地面的影响渐减，地面风速也随之减小。一直到次日清晨日出前，近地面空气层的结构极为稳定，地面风速达到最小值。

因此，在夏季晴朗无云的日子，日照强烈，地面增温，空气上下对流旺盛，风速的日变化显著。而在冬季多云的日子里，日照不强，地面增温不显著，空气上下对流不旺盛，风速的日变化也就不明显了。

一年内的风速变化与季节有关系。在北半球中纬度地区，冬季冷空气盛行，冷高压势力强大，而夏季暖湿空气盛行，高气压势力没有冬季那样强大，相对较弱。因此，风的最大速度往往出现于冬季，最小风速一般出现在夏季。我国大部分地区，在春季3～4月风速最大，夏季7～8月风速最小。

风向在一年中的变化受地域的影响很大，许多地区的风向受地球上气压带的南北移动，以及海陆空温度差异的影响而发生季节变化。我国的冬季风，大多是从大陆高压中心（西伯利亚高压区）吹来的，多西北风、北风和东北风。在夏季，我国大陆形成低气压，风多从太平洋高压区吹来，多东南风、南风和东风。在沿海地区，白天海洋的气压比大陆要高，风从海洋吹来；夜里大陆温度降低，气压较海洋为高，风就由陆地吹向海洋了。气象上把这种现象称为"海陆风"。

风与飞机

飞机在空中一如潜水艇在海水中，只是前者学鸟，后者法鱼，各取所长；两者的舒适与安全程度常因硬体设计与气流，也就是风的稳定与否以及两者相对运动而有所改变。分开来说，不稳定的风就是乱流，而相对于飞机的风，则有顺风、逆风、侧风之分；前者使航行中的飞机发生颠簸，后者则使之发生空速增减与偏向，甚或更严重的事故。

在气象上，风速有大小与方向，也就是一种有方向的量，简称向量。飞机的航行也是如此。因而当风与飞机同向时在航空上就称之为尾风，也就是顺风。反之，就是头风，即顶风。由于飞机是靠着气流经过机身时所产生的上下气压差，所形成之浮力（须大于重力）而飘在空中，所以飞机相对于空气的速度的大小直接影响飞机的浮力。譬如说，一架飞机要280千米/时之空速才能起飞，在10千米/时顺风时，它就要加速到290千米/时才离得开跑道，而相同顶风时只要270千米/时就行了。所以飞机起降都采顶风进行以节省加（减）速时间，进而节省跑道长度与油料。

风与飞机既然都有自己的方向，就免不了有不一致的时候，此时，垂直于飞机飞行（或滑行）方向或有夹角的风就称"侧风"。在地面上侧风就是与跑道有夹角或垂直的风。这种风不但会使飞机偏向，更会因迎风面的机翼被抬升，而背风面的机翼则会被下压，而形成两翼受力相反，会造成滚转效应。因而飞机在侧风中起降，须靠机师做好与侧风反向的修正，以免偏出跑道。现有民航机的最大侧风极限为30海里/时，超过就不得起降，这也是台风时班机取消的主要原因。在近代航空事故中，最不可思议的一次，应属1999年8月22日晚6时45分，当"森姆"台风侵袭香港时，一架班机落地中翻转180°，形成肚皮朝天的那一次。当时就是强侧风加上风速随高度增加（称正风切）所形成之旋转效应，再加上飞行人员未及校正的结果。幸运的是，那次事故无人死亡。

我们常说："水能载舟，亦能覆舟。"风与飞机又何尝不是如此？

六、风随风带而变化

1519 年 11 月，航海家麦哲伦带领船队穿越麦哲伦海峡（位于南美洲南部）向太平洋驶去。在长达几个月的航程中，大海表现得非常顺从人意。开始，海面上徐徐吹着东南风，把船队一直推向西行。后来东南风渐渐减弱了，大海变得从未有过的风平浪静。所以，船员们把这个大洋命名为"太平洋"。

那时，人类处在靠风帆航行的时代，因此，海洋上无风并不都是件好事。16 世纪初，西欧的商人们曾争先恐后地组织大批船队，除了装运货物以外，还装运马匹运往美洲，因为美洲大陆当时没有马，运输和农耕很不方便。奇怪的是，当船队沿着北纬30°附近的大西洋航行时，海面上常常像死一般地寂静，连一丝风也没有，闷热异常。靠风力推动的帆船只好无可奈何地停泊在那里，十天半月地等候着风的降临。时间长了，马匹因缺少淡水和饲料纷纷病倒死去了，最后只有把死马成批成批地抛进大海。这种不幸情况在南纬30°附近的海面上也屡有发生。人们为这个令人恐惧的无风区起了个奇怪的名字，叫做"马的死亡线"，又称为"马纬度"。

为什么地球上有些地方老是吹东南风，而有些地方却无风呢？原来，这是大气的大尺度运动所造成的。大气的大尺度运动使地球上形成了一些相对稳定的风带。风带是太阳辐射的不均匀分布和地球自转偏向力共同作用的结果。

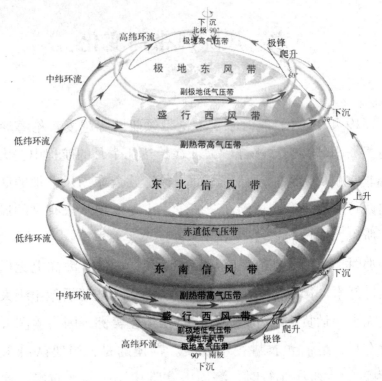

全球气压带、风带示意图

风和气压的分布紧密相关。从赤道向两极依次排列着赤道低压带、副热带高压带、副极地低压带和极地高压带。因大气的大尺度运动而形成5个风带，它们相互平行地环绕在地球表面上，保持着相对稳定，又称行星风带。

赤道无风带是赤道附近低空大气层中的无风或风向多变的微风地带，夏季位于北半球一侧，冬季则移向南半球。在这一带里，太阳位于头顶上，气温特别高。而空气受热膨胀，大规模地向上升腾，于是又形成了特别低的气压，叫做赤道低压带。这一带对流天气发展旺盛，积雨云及雷阵雨较多，也是地球表面云量最多、雨水最充沛的地带。

从赤道无风带到副热带高压带之间，是北半球的东北信风带和南半球的东南信风带。由副热带高压带向赤道地区流动的空气，在地球自转偏向力的作用下，北半球转为东北风，南半球转为东南风。这种风的风向稳定，风速不大，一般只有 3～4 级，在中心区域可达 5 级，几乎常年如此，好像"颇守信用"似的，所以叫信风。这一带的范围在南、北纬度 30° 之间，称为信风带。麦哲伦船队在通过太平洋时，开始遇到的是南半球的"东南信风带"，经过东南信风带后，便进入"赤道无风带"，难怪会风平浪静。

副热带高压带的中心区域在南、北半球纬度 30° 附近的地方。那里常年盛行下沉气流，少云少雨，风影无踪，形成无风带，称为副热带无风带。这就是"马纬度"的秘密。

从副热带高压带向极地流动的空气，在地转偏向力的作用下，北半球吹西南风，南半球吹西北风。这一带纬度较高（30°～60°），风向偏转较大，所以都是偏西风，风速较大，叫做盛行西风带。它的垂直厚度，向上深入整个对流层，某些区域甚至伸进了平流层。强大的西风带，构成中、高纬度北大西洋和北太平洋的狂风恶浪，冬半年（10 月至次年 3 月）比夏半年（4～9 月）强劲而且频繁。南半球的中、高纬度地带，陆地只占南半球面积的 19%，尤其是南纬 50° 附近，海洋几乎覆盖整个地表面。由于没有陆地阻挡，猛烈的西风整年不停地由西向东吹过，在开阔的大海上掀起狂暴的风浪，浪头常常高6米以上，有时竟高达15米！因此，人们常把南半球的盛行西风带称为"咆哮西风带"。位于这里的非洲南端的好望角，海面上经常狂风呼啸、浪涛怒吼，被称为"鬼门关"。

极地附近的气压很高。地转偏向力使南、北两极高气压带向低纬度流动的气流，分别在纬度60°~90°偏转成东南风和东风（南半球），以及东北风和东风（北半球），形成两个极地东风带。这一带风速较弱，此极地区冬季平均风速为2米/秒，夏季仅为1米/秒。

行星风带的地理位置不是常年不变的，而是随气压带的南北移动而发生相应的变化。春、秋两季，太阳直射赤道附近。赤道低压带正好位于赤道附近，别的风带也平衡地位于南、北两半球。在北半球的夏季（南半球的冬季），太阳直射北回归线附近，赤道低压带的位置向北移动，其他气压带也随着一起偏北。在冬季时（南半球的夏季），太阳又直射南回归线附近，所有的气压带也相应地南去。随着气压带的南北移动，风带也发生相应的变化。

这些风带在海洋上表现得极为显著，但是在大陆上和海洋与陆地交界的地方，由于地势高低和海陆性质的不同，气压的带状分布遭到破坏，与此同时风的带状分布也发生相应的变化。

七、地转偏向现象

风在气压梯度力的作用下吹起来了。可是出人意料，风一旦起步行走，却并不朝着气压梯度力所指的方向从高压一边直接迈向低压一边，而是不断地偏转它的方向，在北半球向右偏转，在南半球则向左偏转。这是无数次观测早已证明了的客观事实。可见，一定还有一种什么力量从风的一侧拉着它转向。

经过人们深入实践和研究，这种力终于找到了。这就是"地转偏向力"。因为这种力是法国学者科里奥利最先发现的，所以也叫科里奥利力。这个名称的本身就已告诉我们：促使风向发生偏转的力量原来是地球自转。

在不停地旋转着的地球上，受地转偏向力作用的不仅是风，一切相对于地面运动着的物体都受到它的作用，不过因为地转偏向力与物体受到的其他力比较起来极为渺小，不为人们觉察罢了。尽管如此，在经历了漫长的岁月以后，地转偏向力还是在地球上某些地方留下了它的痕迹。人们发现，沿着水流的方向，在北半球，河流的右岸往往比左岸陡峭；在南半球，河流的左岸比右岸陡峭。这是地转偏向力存在的一个见证。这种水流对左右岸冲刷作用的差异是微不足道的，但河水日夜奔流，一千年，一万年，一亿年，就会显现出来。

地球一刻不停地自转，人们脚下踩着的大地就好像是一只转

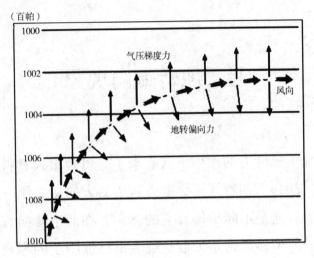

地转偏向

动着的大圆盘。从北极上空往下望，这只大圆盘以逆时针方向在运转；从南极上空往下望，这只大圆盘运转的方向则是顺时针的。走在这只大圆盘上的空气——风，之所以发生偏向，就是由于风与转动着的地面发生了相对运动。长年累月的水流，能在两岸显现出偏向力的作用，也正是因为它们与转动着的地面之间产生相对运动的结果。

这样看来，风偏离气压梯度力的方向，并不是真有一个什么力量在起作用。地转偏向力不过是人们为了便于对这种偏向现象进行研究而假想的一种力。这种假想的力与风向是垂直的，在北半球指向风向的右侧，而在南半球指向风向的左侧。由于它只说明空气和转动着的地面之间存在相对运动，而并不是作用于空气的实际的力，因此只能使风向偏转，而不能使风起动，也不能使已经起动的风改变速率。风的起动和快慢，都取决于气压。如果气压梯度力等于零，风无从产生，也就谈不上与地面之间的相对运动，地转偏向力也不复存在。而有了气压梯度力，也必然会相应的产生风，从而也产生地转偏向力，而且风愈大，产生的地转偏向力也愈大。

为了便于记忆，人们把气压与风的关系概括成这样的定律：风速与气压梯度成正比；风向与等压线平行，在北半球，背风而立，高气压在右，低气压在左；在南半球则相反。理论上的风与实际上的风非常近似，气压与风的关系一直被广大气象台站作为大气运动规律而利用着。

热极生风

俗话说"热极生风"、"阳极生阴"，是有一定道理的。在社会生活中，它的引申意义是事物发展到一定程度时，就要向相反的方面转化。在自然界中，这一俗话也很符合大气的演变规律。

我们知道，地球的冷热决定于太阳辐射，由于太阳高度角随着季节在不断变化，致使地球上的热量分布出现了南北差异。高纬度地区，太阳高度角较小，阳光斜射，地面得到的热量少，温度低，形成了冷高压；低纬度地区，太阳高度角较大，阳光直射，地面得到的热量多，温度高，形成暖低压。在北半球，立春以后，随着太阳高度角的逐渐增大，地面逐渐加热，温度不断上升，而高寒地带冷空气势力仍比较强大，这样，南北之间就形成了很大的气压差。当北方冷空气势力大到一定程度时，它就要爆发南下，推动前方的暖空气向南运动。

对于某一地区来说，前期受暖空气控制，温度较高，在冷空气逼近时，其前方推进的暖空气就要在这一地区堆积，使气温急剧增高，气压陡然下降，这就是我们常说的"热极"，而爆热过后，随即就是冷空气过境。由于冷暖空气之间的气压差很大，在其交界面就会出现大风天气。这就是"热极生风"的天气演变过程。

八、看风识天气

　　风看似来无影，去无踪，但是，只要我们掌握了它的行踪规律，是可以用它来预测天气情况的。

　　在温带地区，地面上如有两股对吹的风，它们往往是两股规模大，范围广，温度、湿度不同的冷气流和暖气流。南风运载着暖湿空气，北风运载着干冷气流。在它们相遇的地带，形成了锋面。锋面一带，暖湿空气的上升运动最为旺盛。有时暖湿气流势力强大，主动北袭，并凌驾于冷气流之上，向上滑升，冷却凝云。这时，天上云向（暖气流）与地上风向（冷气流）相反，"逆风行云，定有雨淋"。随着云层迅猛发展，增厚，便形成范围广大、连绵不断的云雨了。有时，干冷空气的势力比暖湿气流强大，它主动出击，像把楔子直插空气下面，把暖湿空气抬举向上，锋面一带便出现雷雨云带。在这一带，雷鸣电闪，风狂雨骤。

　　锋面云雨带的生消、移动，决定于南北气流势力的消长。某

刮风了

地南风劲吹，说明该地处于锋面云雨带以南，这时暖锋北去，天气晴暖。但是，"北风不受南风欺"，"南风吹到底，北风来还礼"，"南风吹得紧，不久起风雨"。每一次吹南风的过程，虽晴暖一时，却又预示着北风推动冷锋南下。所以，一旦"转了北风就要下"，就会云涌雨落。而南风刮得愈久，说明暖湿气流积蓄的力量也愈强，当北方冷空气一旦南下，愈易出现势均力敌的拉锯局面，使锋面在这一地区南北摆动、徘徊不去，会形成连续阴雨的静止锋天气。因此，有"刮了长东南，半月不会干"的说法。如果冷空气势力特强，南下的冷锋云雨往往一扫而过，一下子被推到南方的海洋上；北风愈猛，晴天愈长久。因此，"南风大来是雨天，北风大来是晴天"。

高气压和低气压的移动，也常常通过刮风而表现出来。高气压控制下的晴天，如果不刮风，表明高气压系统没有明显移动，晴天仍继续；低气压系统影响下的阴雨天，如果无风，表明低气压系统也很少移动，因而继续阴雨。长江中下游地区降水的低气压系统多由偏西方移来，所以，一年四季的雨前风向多偏东，而且呈逆时针变化，即风向呈东南—东—东北的变化；相反，如果风向由东南到偏西变化，一般无雨，只有夏季地方性积雨云出现时才有可能下雨。谚语说："四季东风四季下，只怕东风刮不大。"就说明了低气压系统影响当地的风向。还有"雨后生东风，未来雨更凶"的说法，即雨停后，仍有三四级的偏东风，这是降雨暂停的征兆，表明西边还有低气压移来，未来会下更大的雨。

大风天气

一般说来，在东北风中开始的降雨，下降得时间长，雨量也较大。如果在将要下雨或开始下雨时，风向时而东北、时而东南，这叫做"两风并一举"；预示着移来的低气压系统范围大、移动慢，未来必有连阴雨。

在雨天，如果风向转为偏西，天气大多转晴。风向越偏西北方，风力越大，则转晴越快，晴天维持的时间也较长。有时西风很小，天气仍不晴，这就属于"东风雨，西风晴；西风不晴必连阴"的情况。如果在偏南或西南风里转晴，则往往晴不长，表明下次雨期较近。

有时，偏东风连刮两三天，天气仍不变，风反而越刮越紧，这种情况多在旱天出现；这时气温表现为"日暖夜寒"，人们称之为"天旱东风紧"、"东风冷要旱"。当低气压控制本地时，东风风力不大，午后近地面常有旋风发生，预示近期天旱。"东风刮，西风扯，若要下雨得半月"。这是说，在一两天内风向时而偏东、时而偏西，预示中期内没有强大的天气系统侵入，不会有降水现象。

值得注意的是，相同的风也不一定会出现相同的天气。看风识天气还得看具体条件。

首先要看季节。在夏季，暖气流强于冷气流，东南风一吹，锋面云雨带推向北方。这时长江中下游地区在单一的暖气流控制下，空气缺乏上升运动的条件，所以有"一年三季东风雨，独有夏季东风晴"的说法。要是在太平洋副热带高压的稳定控制下盛行夏季风，夏季风虽然是来自东南海洋，但高气压控制下的气流稳定，天气晴热少雨，便"东南风，燥烘烘"了。如果夏季吹西北风，反而预示下雨，所以有"冬西晴，夏西雨"、"夏雨北风生"的谚语。

在冬半年，冷空气强于暖空气，西北风常把锋面云雨带推向南方海洋。这时长江中下游地区在单一的冷空气控制下，天气晴朗，正像谚语所说的"秋后西北田里干"、"春西北，晒破头；冬西北，必转晴"。如果这时刮起东南风，但刮不长，这就是"南风吹到底，北风来还礼"，预示锋面云雨带影响到本地，天将变阴，"要问雨远近，但看东南风"。

其次要看风速。谚语说得好，"东风有雨下，只怕太文雅"，只有"东风昼夜吼"，才能"风狂又雨骤"；只有"东南紧一紧"，才能"下雨快又狠"。冬天和旱天，偏东风要刮两三天才能有雨；如果风力达到五六级，则刮一两天就可能下雨。而在初夏和多雨期，只要东南风刮一阵就会下雨。

另外，"风是雨的头，风狂雨即收"。阵雨前，往往是风打头阵，先刮风，雨才随后下。雨停的时候也是风先增大，然后雨再停，即"狂风遮猛雨"。这种现象都是在积雨云下发生的。因为积雨云下快接近雨区时先有风，然后下雨，待风大雨大时，雨区很快就过去了。

最后要注意地方性。在一般情况下，风向风速都有各地不同的日变化规律。这种正常的日变化规律，并不反映天气系统的影响，人们称为"假风"。只有风向稳定在某个方向，风力逐渐增大，才是能预兆天气变化的"真风"。一般"真风"要从早刮到晚，从傍晚刮到子夜；特别是夜风，对于预报天气的晴朗转折，效果更好。至于地方性的山谷风，也属于"假风"，不能用来预报天气转变。

看风识天气窍门诗歌

久晴西风雨，久雨西风晴。

日落西风住，不住刮倒树。

常刮西北风，近日天气晴。

半夜东风起，明日好天气。

雨后刮东风，未来雨不停。

南风吹到底，北风来还礼。

南风怕日落，北风怕天明。

南风多雾露，北风多寒霜。

夜夜刮大风，雨雪不相逢。

南风若过三，不下就阴天。

风头一个帆，雨后变晴天。

晌午不止风，刮到点上灯。

无风现长浪，不久风必狂。

无风起横浪，三天台风降。

大风怕日落，久雨起风晴。

东风不过晌，过晌翁翁响。

雨后东风大，来日雨还下。

雹来顺风走，顶风就扭头。

春天刮风多，秋天下雨多。

九、露和霜

　　夏天清晨，在草丛里经常会看到露珠。学名叫露，俗称露水。露水不是从天上降下来的，而是在地面上形成的。

露　水

　　露水的成因可以从饮用冰镇饮料来说明。当我们把冷饮倒进杯子里时，杯子外面马上会出现一层薄薄的水珠。这是因为杯子外面的热空气碰到杯壁时冷却而达到饱和，于是一部分水汽就在杯子外面凝结成小水珠。在晴朗无云、微风轻拂的夜晚，由于地面的花草、石头等物体散热比空气快，温度比空气低，当较热的空气碰到地面这些温度较低的物体时，便会发生饱和而凝结成小水珠滞留在这些物体上面，这就是我们看到的露水。如果夜间有微风，那么它们会把那些由于发生了水汽凝结而变得较干燥的空气吹走，使湿热空气不断进来补充，从而产生较大的露珠。

科学家们研究发现，露水比一般的水更具有渗透性，因而具有对人体有益的活性物质。如果每天早晨空腹喝一杯露水，可对一些疾病起到预防和治疗作用。用脱脂棉球蘸取露水，敷于浮肿的眼睑或红肿的烫伤处，能够很快地消炎去肿。富有商业头脑的日本人，把从富士山上收集到的露水，经消毒后装入瓶中，投放到市场，很受人们欢迎。

而露的近亲霜常常成为我国古代诗人吟咏的对象，如"月落乌啼霜满天"、"肃肃霜飞常十月"等等。其实，霜并不是从天上"飞"下来的，而是近地面水汽的一种凝结现象，它和露的形成原因和过程是相同的。

白天，受了太阳的照晒，地球表面吸收了太阳辐射的热，温度升高。夜间地面不再接受太阳光照，而向空中散发热量，温度降低。接近地面空气的温度也随着升高、降低，这是白天暖、夜晚冷的原因。夏季，夜间虽然比白天要凉些，但是气温仍然高于0℃许多；秋天，气温一天天下降，到了一定时期，夜间逐渐降到0℃左右。所以，当晴朗无风的夜晚，地面上的物体温度降到0℃以下时，空气中的水汽接触到冷的物体就在其表面凝华成了

麦田里的霜

冰晶，这就是我们看到的白花花的霜。在严冬，室内的水汽凝附在冰冷的玻璃窗上，还会凝华成美丽的窗花。

露和霜的出现，常常预兆晴天。民间流传的谚语"露水起晴天"和"霜重见晴天"指的就是这个意思。为什么露、霜主晴呢？这是因为晴朗无云的夜间，地面辐射散热最快；没有大风，又不能把较高层大气的热量传下来。所以露和霜的出现作为天晴的预兆是有科学根据的。

第8章

各式各样的风

风的种类有很多：吹起来不会热，也不会冷的叫"微风"；刮起来很大，可能会下雨，甚至带来重大灾情的叫"台风"；来无影、去无踪，刮起来很恐怖，会把人卷上天的，叫"龙卷风"……下面，就让我们来逐个认识。

一、旋转着前进——旋儿风

一天，人们在稻场上打谷，中午，天气闷热难受，大家都聚集到树下蔽阳处歇息了。突然，一阵风，夹杂着杂草、树枝、尘土，向村庄巷道旋转而去，几个老农急忙拿着萝筐追上去，盖住了旋涡中心。等这阵风消失后，揭开萝筐一看，里面有一支红筷子。于是，满场的人都围上去，纷纷议论这一奇异现象："这是昨天埋葬的××的游魂回来了"；"看，它还带着筷子，准是回来吃饭了"。当时，还有人把这支筷子送给死者的家属，当作纪念品保存了起来。之后，此事不胫而走，传得神乎其神，虽然有多数不信迷信的青年反对这种说法，但又无法解释这一自然现象，只好听之任之，一时流传甚广。

其实，这都是旋儿风搞的恶作剧。

旋儿风，由于它范围小，起止突然，又常在无风的时候旋转着前进，它卷起的悬浮物若隐若现，变幻迷离，人们不明白它的产生原因时，常叫它"鬼风"。其实，旋儿风是一种在特定环境中产生的自然现象，气象学上称之为"尘卷风"。

旋儿风究竟是怎样产生的呢？

旋儿风形成的最主要原因，是当某个地方被太阳晒得很热时，这里的空气就会膨胀起来，一部分空气被挤得上升，到高空后温度又逐渐降低，开始向四周流动，最后下沉到地面附近。这

1977 年 3 月 25 日 15 时 25 分，墨西哥某地发生尘卷风现象

时，受热地区的空气减少了，气压也降低了，而四周的温度较低，空气密度较大，加上受热的这部分空气从空中落下来，所以空气增多，气压显著加大。这样，空气就要从四周气压高的地方，向中心气压低的地方流来，跟水往低处流一样。但是，由于空气是在地球上流动，而地球又是时刻不停地从西向东旋转，那么空气在流动过程中就要受地球转动的影响，逐渐向右偏去（原

来的北风偏转成东北风，南风偏转成西南风，西风偏转成西北风，东风偏转成东南风）。于是从四周吹来的较冷空气，就围绕着受热的低气压区旋转起来。成为一个沿逆时针方向旋转的空气涡旋，这就形成了旋儿风。

还有一种原因是由于动力因素造成的旋转。当气流遇到孤立障碍物，如建筑物、灌木丛时，有绕障碍物两侧而过的现象。在障碍物的向力面，气流散开；在障碍物的背风面，气流汇合，使绕过的气流在移动方向和移动速度上都发生了改变，这时在障碍物的背风面就会出现成对的或成串的小旋风。

一般说来，地面愈起伏不平或受热愈强，乱流和旋儿风发展就愈强烈。在时间上，白天强，夜间弱，夏季强，冬季弱；在地点上，城市高大建筑物和纵横交错的街道能改变风向和风速，因此在街道上和十字路口比较容易发生小的旋儿风。

大气运动中，存在着从微米到上万千米等不同尺度的运动，涡旋是其中的一种广为存在的运动形式。小至人们吸烟时吐出的烟圈儿、旋儿风，大至破坏力极大的龙卷风、空气呈数千千米规模旋转的台风、气旋等等，都是空气的涡旋运动。由于尘卷风是一种范围很小的天气现象，一般没有破坏力，又来无影、去无踪，为此人们就把它神化了。所谓旋儿风是死人游魂之类的传说，不过是迷信的说法。至于故事里提到的那支筷子，只不过是一次偶然的巧合罢了。

二、随季节而变化——季风

滔滔大海，有时像怒吼的雄狮，有时像温顺的羊羔；有时无风荡起三尺浪，有时又来往颇守信用。在长期的海洋活动实践中，人们充分利用自然风力，发展海上贸易。

中古时代，阿拉伯商人利用亚洲东南部盛行的季风，同亚洲各国进行贸易通商。汉武帝时代，我国商船就装载黄金、丝绸等珍贵商品，来往于南洋、印度之间，与各国人民进行着贸易往来。唐代以后，我国对外贸易日益发展，商船运载大量丝绸、瓷器等商品同亚非各国进行交易，比起西北陆路的"丝绸之路"更加繁荣，故有"海上丝绸之路"之称。而推动船舶往返的季风，则被人们形象地称之为"贸易风"。

季风，在我国古代有各种不同的名称，如信风、黄雀风、落梅风等。究竟什么是季风？过去人们认为，风向随季节变化的风，就是季风。现代人们对季风有了更进一步的认识，有3点是公认的：①季风是大范围地区的盛行风向随季节改变的现象。②随着风向变换，控制气团的性质也产生转变。例如，冬季风来时感到空气寒冷干燥，夏季风来时空气温暖潮湿。③随着盛行风向的变换，将带来明显的天气气候变化。

季风形成的原因，主要是海陆间热力环流的季节变化。夏季大陆增热比海洋剧烈，气压随高度变化慢于海洋上空，所以到一

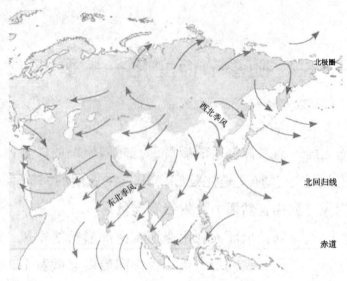

亚洲 1 月季风图

定高度，就产生从大陆指向海洋的水平气压梯度，高层气流由大陆流向海洋，海洋上形成高压，大陆形成低压，低层气流从海洋流向大陆，形成了与高空方向相反的气流，构成了夏季的季风环流。在我国为东南季风和西南季风，夏季风特别温暖而湿润。冬季大陆迅速冷却，海洋上温度比陆地要高些，因此大陆为高压，海洋上为低压，低层气流由大陆流向海洋，高层气流由海洋流向大陆，形成冬季的季风环流。

我国东部和南部的广大地区，正好处在大陆与海洋高低气压中心之间的过渡地带，为东亚季风运行所必经之路。冬季盛行偏北风，夏季盛行偏南风，年年如此，很有规律。所以，我国也是著名的季风国家。

在冬季，亚洲内陆寒冷，是一个势力强大的高压区，中心为蒙古高压或西伯利亚高压，气压强度平均高达 1040 百帕。高压区中心的空气下沉，积聚形成一个规模很大的干燥寒冷气团。这时候，亚洲东面的太平洋高压减弱退缩，南面的印度洋气压较低。这样的气压形势，使得西伯利亚高压的冷空气不断南下，成为强劲的冬季风，可直达东南亚。在它的控制下，气温急剧下降。我国北方的天气是晴朗、寒冷、干燥。东部沿海常有8级以上的北到西北风伴随寒潮南下。冷气团在继续向南推进的过程中，大气的低层因受地面的影响，温度和水汽都有所增加，性质逐渐改变。到达南方时，风力已大为减弱，风向也逐渐由西北风转为北风或东北风，在它影响下的天气，虽然仍是寒冷、干燥，但在程度上已比北方小多了。

　　到了夏季，海陆气压形势发生了根本的变化。

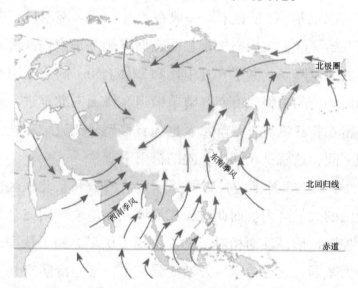

亚洲 7 月季风图

　　这时候，西伯利亚高压衰退北移，亚洲大陆内部气温急剧升高，转变为低气压，中心在南亚印度半岛西北部，并向东延伸到我国境内，我国大部分地方气压低于 1005 百帕。与此同时，太平洋副热带高压加强，中心在夏威夷群岛一带，也称夏威夷高压，气压数值平均高于 1023 百帕。从这个高压吹向我国的风，就是东南季风。它带来了温暖湿润的空气，称为热带海洋气团。另一股从赤道附近的印度洋面吹来的西南季风，则带来更为湿热的空气团，称为赤道海洋气团，这两种气团为我国夏季降水提供了丰富的水源。特别是西南季风，它的湿度更大，带来的水汽更多。但西南季风主要影响我国西南地区南部、华南及长江中下游，范围较小。我国东部广大地区都受东南季风影响。

夏季风裹挟着充沛的水汽，为降雨提供了必要的条件。如果遇上冷空气，暖湿空气被迫抬升后，水汽就会凝结，形成雨区，"雨神"随风到。每年春末，一般在 5 月初，东南季风带来的暖湿空气开始登陆，与冷空气接触的锋面徘徊在华南珠江流域，形成这里的大量降雨。到了 6 月中旬和 7 月上旬，随着东南季风和西南季风势力的加强，冷空气节节败退，锋面向北推进，相当稳定地停留在长江流域，强降水区也随着移到长江流域和长江与淮河流域之间，这就是长江中下游的梅雨季节。

7 月中旬至 8 月下旬，锋面移至黄河流域和东北地区，引起这些地区的大量降雨。而此时长江流域及江南地区则完全为东南季风所控制，雨量反而相对减少，出现了伏旱。到了秋季，东南季风势力减弱，北方冷空气开始变强南下，于是冷暖空气交汇的锋面又从北向南撤退，雨区也跟着自北而南，9 月底离开黄河流域，很快就移到东南沿海，10 月以后退出大陆。

夏季是各种农作物生长最旺盛的时节。这时期风从海上吹来，湿热多雨，高温期和多雨期相结合，为农业生产提供了有利条件。特别是喜温湿作物的种植范围扩大，如水稻，即使在我国黑龙江省的最北部也能种植。同样，由于冬季风的影响，喜干凉的作物在冬季也得以向南扩展。但是，由于天气变化多端，每年的冬季风和夏季风强弱程度不同，造成雨区及其停留时间的长短也不一样，因而对某一地区雨量的多寡影响很大。夏季风强盛的年份华北多雨，华中、华南偏旱；相反，夏季风较弱的年份，华北偏旱，华中、华南偏涝。

我国人民很早就掌握了利用季风远航的规律。宋朝有"北风航海南风回"的诗句。苏东坡诗中有"三时已断黄梅雨，万里初来舶棹风"，这里的"舶棹风"就是指推动船只返航的夏季风。冬季，从我国沿海出发的船只，利用东北季风，通过南海，到印度尼西亚，再穿过马六甲海峡，直达印度和斯里兰卡。次年夏季，西南风刮起时，再从原路返回祖国。

三、隔着海岸拔河——海陆风

夏季到海滨地区旅游时不难发现：只要天气晴朗，白天风总是从海上吹向陆地；到夜里，风则从陆地吹向海上。从海上吹向陆地的风，叫做海风；从陆地吹向海上的风，称为陆风。气象上常把两者合称为海陆风。

海陆风和季风一样，都是因为海陆分布影响所形成的周期性的风。不过海陆风是以昼夜为周期，而季风的风向却随季节变化，同时海陆风范围也比季风小。

海陆风是如何形成的呢？

白天，陆地上空气增温迅速，而海面上气温变化很小。这样，温度低的地方空气冷而下沉，接近海面上的气压就高；温度高的地方空气轻而上浮，陆地上的气压便低些。陆地上的空气上升到一定高度后，它上空的气压比海面上空气压要高些。因为在下层海面气压高于陆地，在上层陆地气压又高于海洋，而空气总是从气压高的地区流到气压低的地区，所以，就在海陆交界地区出现了范围不大的垂直环流。陆地上空气上升，到达一定高度后，从上空流向海洋；在海洋上空，空气下沉，到达海面后，转而流向陆地。这支在下层从海面流向陆地，方向差不多垂直海岸的风，便是海风。

夜间，情况变得恰恰相反。陆地上，空气很快冷却，气压升高；海面降温比较迟缓（同时深处较温暖的海水和表面降温之后的海水可以交流混合），因此比起陆面来仍要温暖得多，这时海面是相对的低气压区。但到一定高度之后，海面气压又高于陆地。因此，在下层的空气从陆地流向海上，在上层的空气便从海上流向陆地。在这种情况下，整个垂直环流的流动方向，也变得和前面海风里的垂直环流完全相反了。在这个完整的垂直环流的下层，从陆地流向海洋，方向大致垂直海岸的气流，便是陆风。

一般海风比陆风要强。因为白天海陆温差大，加上陆上气层不稳定，所以有利于海风的发展。而夜间，海陆温差较小，所波及的气层较薄，陆风也就比较弱些。海风前进的速度，最大可达

6 米/秒，陆风一般只有 1 ~ 2 米/秒。滨海一带温差大，海陆风强度也大，随着远离海岸，海陆风便逐渐减弱。

海陆风发展得最强烈的地区，是在温度日变化最大以及昼夜海陆温度差最大的地区。所以在气温日变化比较大的热带地区，全年都可见到海陆风；中纬度地区海陆风较弱，而且大多在夏季才出现；高纬度地区，只有在夏季无云的日子里，才可以偶尔见到极弱的海陆风。我国沿海的台湾省和青岛等地，海陆风很明显，尤其是夏半年，海陆温差及气温日变化增大，所以海陆风较强，出现的次数也较多。而冬半年的海陆风就没有夏半年突出，出现机会比较少。

海风与陆风的范围与季风的范围比较起来，可谓小巫见大巫。以水平范围来说，海风深入大陆在温带为 15 ~ 50 千米，热带最远不超过 100 千米，陆风侵入海上最远 30 千米，近的只有几千米。以垂直厚度来说，海风在温带为几百米，热带也只有 1 ~ 2 千米；只是上层的反向风常常要更高一些。至于陆风则要比海风浅得多了，最强的陆风，厚度只有 300 米，上部反向风仅达 800 米。在我国台湾省，海风厚度较大，约为 700 米，陆风为 340 米。

海陆风交替的时间随地方条件及天气情况不同而不同。白天，陆地温度高于海洋；夜里，海洋温度高于陆地。陆地温度高于海洋的时间，一般为下午 2 ~ 3 时，这时候的海风最强。此后温度逐渐下降，海风便随着减弱，在晚上 9 ~ 10 时，海陆温差没有了，海风也就停止了。夜里，陆地温度降得快，海洋温度比陆地下降得慢些，因此，在晚上 9 ~ 10 时以后，陆上变冷了，海上反而暖些。海陆温差的趋向改变了，海陆风的方向也改变了。从晚上9～10时的一度平静无风之后，接着微弱的陆风就开始了；这以后，海陆温差逐渐增大，陆风也越来越强；在夜里2～3时，温差最大，这时的陆风也最强。天亮后，陆地渐渐暖起来，海陆温差越来越小，陆风逐渐减弱；在上午9～10时，海陆温差又消失了，陆风随之终止。

就这样，随着海陆昼夜温差的不断改变，白天出现的海风，下午2～3时最强，夜间出现的陆风，夜里2～3时最强；上午9～10时和晚间9～10时，海陆温度几乎相同，温度差别消失，海风和陆风便消失了。海风和陆风消失的时间，也正是从海风转为陆风（晚上9～10时）或从陆风转为海风（上午9～10时）的过渡时间。

海陆风必须在静稳的天气条件下才可以看得到，如果有强烈的天气系统，如风暴一类的天气系统出现时，就看不到海陆风的现象了。此外，如果是阴天，陆风吹刮的时间往往拖延很长，而海风出现的时间便一直推后下去，有时甚至迟到12时左右才开始。

海风登陆带来水汽，使陆地上湿度增大，温度明显降低，甚至形成低云和雾。所以，夏季沿海地区比内陆凉爽，我国北方的大连、青岛、北戴河等地成为避暑胜地就是拜这海风所赐。

类似海陆轻风性质的地方性风在范围较大的湖泊和江河沿岸也有，人们就分别给其以"湖风"、"江风"之类的名称了。

四、山与谷的流动——山谷风

  住在山区的人都熟悉，白天风从山谷吹向山坡，这种风叫谷风；到夜间，风自山坡吹向山谷，这种风称为山风。山风和谷风又总称为山谷风。

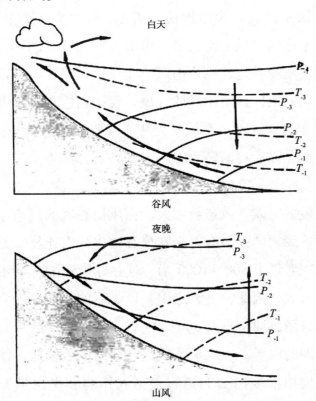

图中实线为等压线，虚线为等温线，矢线为流线

山谷风示意图

山谷风的形成原理跟海陆风是类似的。白天，山坡接受太阳光热较多，成为一个小小的"热源"，空气增温较多；而山谷上空，同高度上的空气因离地较远，增温较少。于是山坡上的暖空气不断上升，并从山坡上空流向谷地上空，谷底的空气则沿山坡向山顶补充，这样便在山坡与山谷之间形成一个热力环流。下层风由谷底吹向山坡，称为谷风。到了夜间，山坡上的空气受山坡辐射冷却影响，"热源"变成了"冷源"。空气降温明显；而谷地上空，同高度的空气因离地面较远，降温较小，于是，山坡上的冷空气因密度大，顺山坡流入谷地，谷底的空气因汇合而上升，并从上面向山顶上空流去，形成与白天相反的热力环流。下层风由山坡吹向谷地，称为山风。

山谷风是山区经常出现的现象。我国新疆乌鲁木齐，南倚天山，北临准噶尔盆地，山谷风交替非常明显。从 20 时到次日 11 时多吹山风，以后逐渐转为谷风。

谷风的速度一般为 2~4 米/秒，有时可达 7~10 米/秒。谷风通过山隘的时候，风速会加大。山风比谷风的风速小一些，但在峡谷中，风力加强，有时会吹损谷地中的农作物。谷风所达厚度一般为谷底以上 500~1000 米，这一厚度还随气层不稳定程度的增加而增大，因此，一天之中，以午后的伸展厚度为最大。山风厚度比较薄，通常只及 300 米左右。

在晴朗的白天，谷风把温暖的空气向山上输送，使山上气温升高，促使山前坡岗上的植物包括农作物和果树早发芽、早开花、早结果、早成熟。冬季可减少寒意。谷风又把谷地的水汽带到山上，使山上的空气湿度增加，谷地的空气湿度减小，这种现象在中午几小时内特别显著。如果空气中有足够的水汽，夏季谷风常常会凝云致雨。这对山区树木和农作物的生长很有利。在夜晚，山风把水汽从山上带入谷地，使山上的空气湿度减小，谷地的空气湿度增加。在植物生长季节里，山风能降低温度，对植物体营养物质的积累，尤其是在秋季，对块根、块茎植物的生长很有好处。

山谷风还可以把清新的空气输送到城区和工厂区，把烟尘和漂浮在空气中的化学物质带走，有利于改善和保护环境。工厂的建设和布局要考虑有规律性的风向变化问题。

值得重视的是，我国除山地以外，高原和盆地边缘也可以出现与山谷风类似的风。出现在青藏高原边缘的山谷风，特别是与四川盆地相邻的地区，对青藏高原边缘一带的天气有着很大的影响。在水汽充足的条件下，白天在山坡上空凝云致雨，夜间在盆地边缘造成降水。

山谷风风向变化有规律，风力也比较稳定，可以当做一种动力资源来研究和利用，发挥其有利方面，控制其不利方面，为现代化建设服务。

五、"大气瀑布"——焚风

在名山大川中，常常出现"银龙飞舞，匹练垂空"的壮丽的瀑布景观。它们是水流流过山岭，从悬崖峭壁上凌空倾泻而下形成的。而风遇到山脉阻挡时，便被迫沿着迎风面的山坡爬升，然后翻越山脊，再沿着背风面的山坡飞泻而下，犹如奔腾的瀑布一般，形成"大气瀑布"。

凡是"大气瀑布"经过的地方，山前与山后的自然景观截然不同。

位于欧洲的阿尔卑斯山脉，这种景象特别显著。当你从意大利的米兰乘坐火车穿越阿尔卑斯山脉的辛普隧道时，便会领略到这种"大气瀑布"的威力。如果山南的米兰在下雨，当火车行驶到隧道附近时，看到的往往是如注的倾盆大雨，并且寒气袭人；可是，当火车穿过隧道来到山北的瑞士时，看到的却是另一番景象：南风阵阵，碧空万里，干热难熬，真是"山前山后两重天"。

54

这是一种什么风？气象学上称为"焚风"。它是由一股从山顶沿山坡向下吹的热风。气流翻越山脊沿山坡向下流去，每下降100米，气温升高约1℃。由于它既干又热，因此，凡是它光顾过的地方，仿佛火烧过似的，"焚风"也就由此而得名。

焚风的英文名称直接借用其德文源词，最早是指气流越过阿尔卑斯山后在德国、奥地利和瑞士山谷的一种热而干燥的风。在北美洲西部，人们将焚风称为钦诺克风。实际上，在世界其他地区也有焚风，如北美的落基山、中亚细亚山地、高加索山、中国新疆吐鲁番盆地，甚至太行山东麓也曾出现过焚风。

焚风的光临，常会给人类带来不小的麻烦。

2002年11月14日夜间，时速高达160千米的焚风风暴袭击了奥地利西部和南部部分地区。数百栋民房屋顶被风刮跑或被刮

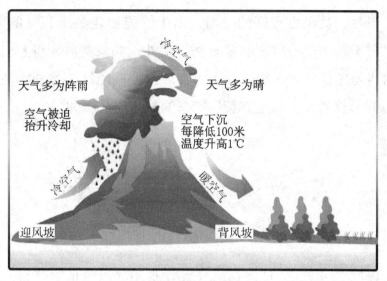

天气多为阵雨

空气被迫
抬升冷却

湿空气

天气多为晴

空气下沉
每降低100米
温度升高1℃

冷空气

暖空气

迎风坡

背风坡

"焚风效应"示意图

倒的大树压垮，风暴把 300 公顷森林的大树连根拔起或折断。风暴还造成一些地区电力供应和电话通讯中断，公路铁路交通受阻。

　　焚风还可能引起严重的自然灾害。它常造成农作物和林木干枯，也易引起森林火灾，遇特定地形，还会引起局地风灾，造成人员伤亡和经济损失。焚风在高山地区还会造成融雪，使上游河谷洪水泛滥，有时还会导致雪崩。

　　此外，医学气象学家认为，焚风天气出现时，相当一部分人会出现不舒适的症状，如疲倦、抑郁、头痛、脾气暴躁、心悸和浮肿等。这些症状是由焚风的干热特性以及大气电特性的变化引起的。

　　为了减少焚风的危害，我们应当积极营造防护林带，以降低风速、调节气温、改造局地小气候。

当然，焚风也有好的一面。由于它能加速冬季积雪的融化，因此对于牧民户外放牧非常有利。此外，如果焚风来得及时，还可为当地庄稼的成熟提供热源，如瑞士一些地区，像罗纳河谷上游的玉米和葡萄，就是靠焚风带来的热量而成熟的。

六、沙漠"黑神"——黑风

1977 年 4 月 22 日，我国甘肃省西北部河西走廊刮起一场黑色大风。这天上午天气晴朗，午后地平线附近突然出现一条条黑云，二三分钟后，黑云迅速连成一片，并向两侧扩展成黑幕，好似无数条黑龙在翻腾，场面惊心动魄，却无声无息。过了 5 分钟后，那些"黑龙"便突然疯狂地向人们扑来，刹那间狂风大作，天昏地暗，空中充满沙粒和尘埃，令人呼吸困难。黑风过后，大片农田的肥沃表土被刮走，房屋、树木被刮倒，水渠被沙石填塞，畜禽死伤上千。

黑风是我国西北内陆沙漠地区特有的一种天气现象。一般在天气晴朗的春天或夏天突然爆发，来势迅猛，破坏力强。

黑风的形成与河西走廊周围的环境、地形有关。河西走廊的西部和北部都有大沙漠，中部还有许多块状沙丘；河西走廊的山脉构成一条西北到东南走向的狭道。在春天和夏天，上午地面迅速增温，到中午近地层大气变得极不稳定，产生强对流天气，上升气流把沙尘卷向空中。若西边有强冷空气过来，冷

56

空气一进入狭道，风速就迅速增大，黑风暴也就在这种特定条件下形成了。

风驰电掣

火车风驰电掣地前进；飞机风驰电掣般地掠空而过；机器风驰电掣般地运转……"风驰电掣"这一成语，常被人们用来形容物体的高速运动。那么，风驰电掣的速度到底有多快呢？

根据观测已知 8 级的寒潮大风，风速可达 60～70 千米/时，相当于一般汽车的速度。登陆时 12 级的台风，风速可达 120～130 千米/时。离地面 10 多千米上空有一个大风带——气象学上称为"急流"，其风速很高时可达 500～600 千米/时，在急流中心，还曾测到过 700 千米/时的大风。这样的高速运动，已是火车和汽车望尘莫及了。然而，在龙卷风中还有更大的风速。一般中等强度的龙卷风，其旋转速度可达 500 多千米/时，特别强大的龙卷风，最大风速达 1000 多千米/时。这是一般现代化交通工具不可比拟的。

电掣的速度更是惊人。云中正负离子相击放电的过程，在千分之几秒内便可完成。一次闪电其辉煌夺目的光弧在瞬间即可消失。实际上人们看到的每一次闪电，还包含了多次放电，只因每次放电的时间最长不超过 1/1000 秒，人们不能将各次闪电产生的光弧分辨出来，因而看到的只是一条弧带。这种光弧又以 30 万千米/秒的速度进入人们的眼帘，引起视觉反应，同时光弧的消失也只要千分之几秒，所以，闪电往往是瞬间即逝。

从上述可见，风驰和电掣的速度相当可观，用它来比喻物体的高速运动不仅形象生动、富有气魄，而且也不乏科学道理。

七、突然发作的强风——飑风

1878 年 3 月的一天傍晚，在英国的一个军港码头上，人们正按时等候着战舰"厄里迪卡"号远航归来。那天下午虽然天空阴沉，海面却风平浪静。傍晚 6 时前后，战舰距离码头只有约 1 千米的航程了，舰上的官兵已能隐约地看到码头上迎接他们的人群。正当他们为即将与亲人团聚而分外高兴时，不料，霎时间，狂风大作，雪花纷飞，海浪滔天。这场令人畏惧的暴风雪持续了四五分钟以后，又突然停息了，天空一下子转为晴朗，海面也恢复了平静。可是，"厄里迪卡"战舰却在海面上消失得无影无踪。几天以后，潜水员才在港口外海底找到了这艘失事的战舰。

这是怎么回事？原来，"厄里迪卡"号战舰遭受到一场在气象上称为"飑"的突然袭击。

"飑"也叫"飑线"，是强阵风的意思。"飑线"又称"不稳定线"或"气压涌升线"，是气压和风的极度不连续线，是由多个雷暴单体或雷暴群所组成的狭窄的强对流天气带。"飑线"出现非常突然。"飑线"过境时，风向突变，气压涌升，气温急降，"飑线"后的风速一般为十几米每秒，强时可超过 40 米/秒。"飑

"飑线"过后，倒塌的房屋

线"是一种中小尺度大气系统，沿着"飑线"可以出现雷暴、暴雨、大风、冰雹、龙卷风等强对流天气，具有突发性强、破坏力大、不可抗拒等特点。这类天气形成、发展过程十分迅速，因此可预报时间很短，很难准确地预报它。

春季里，由于大气处于高温高湿状态，一旦有高空波动东移和冷空气过境，就可触发"飑线"的产生。

我国福建省春季出现飑线相对较多。

2002年4月6日13时许，一阵狂风袭击南靖县，卷走屋瓦，吹断树木，摧倒围墙。农田里已挂满果实的香蕉树被拦腰吹断，百年芒果树被连根拔起，工厂围墙连片倒塌，全村多数农家屋顶开了"天窗"。这次"飑线过境"虽然持续时间不到15分钟，但时速达到17米/秒以上，而且突如其来，吹得人都站不稳。

2005 年 5 月 5 日，受"高空槽"和"低层切变"的共同影响，福建全省范围飑线过境，多次造成局部地区雷雨大风，危及电网安全。特别严重的是当日 12 时 54 分~18 时 54 分，在龙岩、漳州、南平、福州、泉州等地区先后发生雷雨大风，福州地区最高风速达 36 米/秒，风力 12 级以上，其他地区风力为 8~11 级。福建电网因雷击和大风造成 500 千伏线路跳闸 5 次，其中 3 条线路重合不成功；220 千伏线路跳闸 19 次，其中 11 条线路重合不成功；220 千伏园田变电站因大风将异物吹到 220 千伏母线造成短路故障。风灾造成了局部地区不同程度的停电，其中福州和泉州地区负荷损失较大，全省约损失电量 300 万千瓦时。

2005 年 5 月 7 日 7 时 30 分左右，一艘船名为"通运 8 号"的货船途经闽南漳浦古雷头海域时不幸遭遇了飑线袭击，近千吨的货物迅速向船体左侧倾斜，在风浪的拍击下，货船被顺势卷入大海。面对顷刻来临的灭顶之灾，所有船员几乎都选择了抓起救生衣跳海逃生。但一名船员因在船内睡觉，来不及跳海，被困在船舱，随船沉入大海。漳州市公安边防支队漳浦县公安局岱仔边防派出所接到报警电话后，一边向上级指挥中心报告，一边迅速组织 10 多艘渔船出海营救，同时，用对讲机呼叫在附近海域的辖区渔船迅速赶到出事地点进行营救。半个小时后，搜救人员到达了出事海域。遇险船员身上套着橘色救生衣，他们像一片一片秋天的落叶，在风尖浪谷上颠簸起伏，脸上充满了绝望。由于橘色救生衣目标较明显，海上搜救工作比较顺利，7 名船员很快被抢救上船，但已被冻得瑟瑟发抖。

现在，飑是可以预先观测到的。当飑即将来临时，天空景象有明显的特征：乌云布满天空，每一个云体都向下突起。云的排列如同滚轴一般。当频繁的闪电出现时，表明飑已经来临。气象工作者会仔细观测，增加观测次数，利用气象雷达监测，与周围气象台加强联防，一旦发现有刮大风下雷雨的征兆，便立即通知中央气象台，然后将消息转发各地。气象台还会充分利用气象卫星连续拍摄的云图，对飑的发生、发展、移动、消亡进行追踪研究。

而在100多年前，人类对飑的观测、预报水平还很低，"厄里迪卡"号战舰也就难逃厄运了。

捕风捉影

《汉书·效祀志》中说："听其言，洋洋满耳，若将可遇；求之，荡荡如系风捕景（影），终不可行"，然而，在现代科学高速发展的今天，不但"风"可以捕获，而且"影"也可以捉住。

其实，在几千年前我们祖先就认识到了风的利用价值，想出了很多捕捉风的办法。"风车"就是最早的利用风力来灌田、碾米的工具。现在，人们为了开辟新的能源，又在进行捕风发电的研制。丹麦的日德半岛西海岸，已成功地进行了风力发电尝试，发电量达2000千瓦。美国安装了一台2500千瓦的大型风力发电机组，其输出电量足够一个小城镇使用。被称之为"风车之国"的荷兰，18世纪末约有12000架"风车"，取之不尽的风能得到了很好地利用。在航海方面，虽说现代是以石油、煤炭等动力燃

61

料为主，但在能源愈来愈短缺的情况下，很多国家又在重新研究如何利用风能。如日本研制了一艘载重 20000 吨的风帆散装货船，在风速 15 米/秒的情况下，船速可达 15 海里/时，相当于 7500 马力的动力货轮。在我国，风能资源的利用也有很大的成就。素有"风车之乡"称誉的江苏兴化县，1967 年就有 36000 多台"风车"用于农田灌溉，碾米磨面，粉碎饲料。不少沿海地区，风力发电远胜于水力发电。"捕风"发电不仅廉价省力，花费甚少，而且不污染环境，是一种很有开发前途的能量资源。

至于"捉影"，似乎是很玄乎的事情了。但是，现代科学发展起来的一门新的技术——红外摄影，就能解决"捉影"的问题。

红外摄影，是利用"红外线"来进行捉影。一切高于周围温度的物体都可以发出红外线。譬如某人身体发出热量，温度就会高于周围空气，在离开这个环境后的短时间之内，温度不会马上降低，此时利用"红外摄影"，就可以立即捕捉到此人的身影。这种红外"捉影"方法，在现代生产生活中应用很广。森林中的火种，通过飞机在空中进行红外摄影，可及早发现森林火患；海洋潜艇可通过红外线摄影被发现；空中飞机可通过红外摄影进行跟踪；就连地面庄稼，也可通过人造卫星进行红外摄影来估计产量。

"捕风捉影"本是很虚妄的事情，然而，现代科学技术的发展，人们不仅可以"捕获风"、"捉到影"，而且还能利用"风"和"影"为人类服务。

八、海上来的暴君——台风

2005 年 8 月 28 日，飓风"卡特里娜"以 282 千米/时的速度扑向美国新奥尔良市，狂风和暴雨造成 1000 多人死亡，整个城市几乎成为空城，导致美国下半年的经济增长下降 1 个百分点，损失约 1500 亿美元，数十万人失业，这场飓风也被列为美国历史上十大灾难之一。

北美称谓的"飓风"，就是我们所称的"台风"。那么，台风是怎样的一种风呢？

台风来临

台风，是发生在西北太平洋和南海一带热带海洋上的强烈风暴。大家都看到过江河中不时出现的涡旋，实际上，台风就是在大气中绕着自己的中心急速旋转的、同时又向前移动的空气涡旋。它在北半球做逆时针方向旋转，在南半球作顺时针方向旋转。气象学上将大气中的涡旋称为气旋，由于台风产生在热带洋面，所以一般又称为热带气旋。

全世界每年平均有 80~100 个台风发生，其中绝大部分发生在太平洋和大西洋上。我国南海的中北部海面，每年 6~9 月发生台风的机会较多。

事实上，位于大洋西岸的所有国家和地区，几乎都会受到热带海洋气旋的影响，只不过不同的地区人们给它的名称不同罢了。在西北太平洋和南海一带的称台风，在大西洋、加勒比海、墨西哥湾以及东太平洋等地区的称飓风，在印度洋和孟加拉湾的称热带风暴，在澳大利亚的则称热带气旋。

在气象学中，根据热带气旋区域中心最大风速的强度对热带气旋作了不同的分类。联合国世界气象组织曾经制定了一个热带气旋的国际统一分类标准：中心最大风速在 6 级~7 级（<17.1 米/秒）的热带气旋叫做热带低压，中心最大风速为 8 级~9 级（17.2 米/秒~24.4 米/秒）的称为热带风暴，中心最大风速在 10 级~12 级（24.5 米/秒~36.9 米/秒）的热带气旋称为台风或飓风。

曾有科学家对热带气旋所蕴含的能量进行估算，一个发展成熟的中等强度的热带气旋所蕴含的能量相当于 20 颗百万吨当量的原子弹爆炸所释放的能量。热带气旋如此巨大的能量，在登陆沿海地区时，主要通过狂风、暴雨、风暴潮释放出来，且往往是

64

3种方式同时发生，很容易导致巨大的灾害。2006年5月中旬，台风"珍珠"过早地光顾了我国。5月16日到18日上午8时，广东大部、福建、江西东部和南部、浙江南部、台湾等地出现了50～100毫米的降水，其中广东东部、福建南部的雨量为100～250毫米。受台风"珍珠"正面袭击，广东省汕头、汕尾、潮州和陆丰等市受灾，受灾人口798万人，死亡4人，紧急转移人口32万余人，3万人被困；倒塌房屋4500间；农作物受灾面积3.8万公顷；因灾造成直接经济损失32亿元。福建省有60个县（市、区）、425个乡镇、315万人受灾，紧急转移安置人口70万人，死亡15人，失踪4人；倒塌房屋9600间，损坏房屋1.2万间；农作物受灾面积15万公顷，绝收面积3.6万公顷；因灾造成直接经济损失38亿元。

台风一旦登陆，其携带的狂风可以吹倒建筑物，摧毁电讯、电力设施，拔起大树，造成人畜伤亡。台风登陆时多与天文大潮期重合，结果在天文潮高潮、风暴潮和短周期波浪的综合影响下，沿海海岸海面潮水暴涨，引起风暴潮甚至海啸，造成海堤决口、海水倒灌等灾害。风暴潮产生的潮流和巨浪相结合，不仅可以迅速席卷内陆地区，摧毁建筑、淹没农田、切断人们的逃生路线，而且会颠覆狭窄港口中的船只，甚至造成巨大的洪灾。带气旋登陆时伴随的暴雨可导致局部洪涝以及诱发泥石流或山体滑坡等地质灾害。

此外，热带气旋登陆后深入内陆，即使强度减弱为低气压，但若与北方南下的冷空气相遇，仍然会在内陆地区引发暴雨、大暴雨、特大暴雨等强降雨，从而引起山洪暴发，造成局部地区发

2003 年 9 月 13 日，韩国釜山被台风掀翻的游船

生内涝、泥石流、山体滑坡等严重灾害。

有人统计了 1951～1998 年造成严重灾害的"十大台风"：

1951 年 12 月 6～19 日，台风"阿米"，死亡 991 人。

1970 年 10 月 11～15 日，超级台风"娇安"，死亡 768 人。

1984 年 8 月 31 日～9 月 4 日，台风"艾克"，至少 1363 人死亡。

1984 年 11 月 3～6 日，台风"阿克尼斯"，死亡 895 人。

1987 年 11 月 23～27 日，超级台风"妮娜"，死亡 979 人。

1990 年 11 月 10～14 日，超级台风"迈克"，死亡 748 人。

1991 年 11 月 2～7 日，热带风暴"戴尔玛"，死亡人数在 5000 人以上。

1993 年 9 月 30 日～10 月 7 日，台风"佛洛"，死亡 576 人。

1995 年 10 月 30 日～11 月 4 日，超级台风"安吉拉"，死亡 936 人。

1998 年 10 月 15～24 日，台风"巴布示"，死亡 300 人。

台风不仅给人们带来死亡威胁，同时也给人们带来严重的经济损失。据美国 1900～1978 年的统计，损失 5000 万美元以上的台风有 25 次之多，其中 1965 年、1969 年、1972 年 3 次台风造成的损失均在 14 亿美元以上。据资料统计，我国每年遭受台风危害的农作物面积达 300 万公顷，死亡近 500 多人，倒塌房屋 30 多万间，直接经济损失 240 亿元人民币。也就是说，每个登陆的台风可能使 40 多万公顷的农作物受灾，死亡 60 多人，倒塌房屋 4 万间，直接经济损失 30 多亿元人民币。

虽然台风给人们带来的多是狂风暴雨的灾害，但台风也并非"一无是处"。如台风给所经过的地区带来的充沛降水，对于缓解旱情、湿润气候、改善环境都有一定的好处。台风降水是我国江南、华南等地区夏季雨量的主要来源；正是有了台风，才使得珠江三角洲、两湖盆地和东北平原的旱情得到解除，确保了农业丰收；也正是因为台风带来的大量降水，才使得许多干涸的水库又重新蓄满了水。

对于台风，人们是又爱又恨。科学家则一直在想方设法人工影响台风，削弱台风的危害。

人工影响台风的试验曾做过几次。其办法是在台风眼周围浓厚的云墙中撒播碘化银。结果就会像人工催云降水那样，云中产生大量的冰晶，经过冰水转化，水滴冻结成冰晶，并释放出大量的热量。

乍看上去，释放出来的大量的热量岂不是为台风增加能量，犹如火上加油了吗？然而，这正是巧妙地利用了台风本身的能量，"牵一发而动全身"，把台风的能量分散开来，达到减弱台风风力的目的。原来，台风中心温度高、气压低，外面气压高，巨大的气压梯度造成了强劲的风力。对台风进行影响，增加外围的热量之后，台风中心附近内外的温差减小了，气压差也跟着减少，风力也就大大地减弱了。也就是说，把台风的能量分配在更大的范围里，这样，台风中心周围的风速减小，达到消灾的目的。

除了在台风云里撒播碘化银外，有人设想用核爆炸的力量来改变台风与它周围的温度场、气压场，诱发台风改变移动路径。

也有人认为，台风既然是热带海洋上的产物，是靠海水蒸发以后形成的水蒸气凝结时释放出来的热量来产生与发展的，那么如果在可能产生台风的洋面上铺上一层油膜，阻止海水蒸发，台风就不容易形成了。

相信随着现代气象科学的不断发展，人类控制台风不再是梦。

西王须出海遇台风

明朝浙江浦江人宋濂（公元 1310～1381 年），英敏强记，通五经，工诗文，元朝末年曾被召为翰林编修，拒不赴任，躲到龙门山隐居十余年，后来元亡明继，曾任翰林学士，撰元史二百又十卷，可说是一位深识民族大义又著作等身的读书人。在他的文章中不少是讽人之作，发人深思，而中间也涉及天气，可见他也具有诸葛亮高卧隆中时的精神，把天下事常记心中。

在他撰写的《西王须和猩猩》一文中，他描述西王须是位经常远赴中南半岛及西南蛮荒之地，采购玛瑙、玳瑁、琉璃及宝石等晶亮剔透之物，到内地贩卖获利甚多的商人。有一年，出海后"遇东风覆舟，附断桅浮沉久之"。后来有幸漂到岸边，只见当地环境恶劣，且"山幽不见日，常若雨将压地。"致西王须自认一命难保。当时他为了避免死后暴尸荒野为鸟兽分食，也为了躲风雨，就找了个洞穴进入，发现那里有似床草堆与散落的食物，更妙的是在那里遇上了好心的猩猩。它不但没伤害西王须，还把自己的窝让给西王须睡，如是者一年，"忽有余隍（指船）渡山下，猩猩挟之出"。于是西王须获救。登船后的西王须不但不珍惜人兽间的奇缘，还怂恿船长射杀伫立岸边依依不舍的猩猩，以取其皮与血，因为皮乃奇货，血则是"经百年不荐（不褪色）"的染毛佳品。幸好船长是位明理之士，未为所动，反倒把西王须抛下了水！

这也许只是宋濂先生讽世之作，但"遇东风覆舟"，则是古时在中国南海行船常有的危难。因为南海也是时有台风生成或过境的海域，而南海台风不管是向东或向西走，在登陆前，福建、两广至雷州半岛沿海多盛行东风，且风强雨骤，巨浪滔天，时商船航行其间，能不翻者几希？除此以外，在西南季风盛行时，也就是华南到台湾以及长江的梅雨季中，华南到华西常是阴连绵，其间并有夹带大雷雨的强对流系统，也会造成船难，由于先生文中并未提及电光石火的雷雨景象，所以西王须所遇上的船系南海台风所造成应可认定。

九、巨大的旋儿风——龙卷风

生活在海边的人，有时会看到一种奇异的天气现象：天空中浓密的雷雨云中，有时会伸出来一条黑色的尾巴，古人称它为"龙"；它像一个巨大的漏斗，迅速伸向海面，水面立刻竖起一根水柱，云水相接，十分壮观，人们称它为"龙吸水"。实际上，它是一股猛烈的旋风，和"龙"没有关系。不过，世代相传，气象学上也就称它为"龙卷风"了。

龙卷风袭来

这种发生在海洋上的龙卷风，叫海龙卷，可翻江倒海，掀起滔天巨浪，把船只抛到空中；发生在陆地上的龙卷风，叫陆龙卷，能摧毁庄稼，倒屋拔树，卷走桥梁和车辆。一般而言，龙卷风多见于大陆沿海和海岛。

龙卷风是大气中最严重的灾害性天气之一，是自然界所有风暴中最严重的一种。它所到之处，往往屋倒墙倾，沙飞石走，大树连根拔起，庄稼一扫而光，为此人们把龙卷风称之为大气中的"恶魔"。龙卷风的范围并不大，一般在几十米到几百米之间；持续时间也不长，一般为几分钟到几十分钟，最多不超过几个小时。但是，由于它是一股高速旋转的空气，中心气压极低，所以风速很大，往往高达几十米每秒至 100 多米每秒，甚至大到 200 米每秒！联合国曾做过统计，1947 ～ 1970 年的短短 20 余年间，全世界最少有 74.5 万人被龙卷风夺去了生命。

在世界各地，龙卷风制造过各种各样的灾难。

1879 年 5 月 30 日下午 4 时，美国堪萨斯州北部上空出现了两片可怕的乌云，它们相遇后混成一团。15 分钟后在云层下端形成了一个涡旋，涡旋迅速向下伸长，状如从天降下一条巨蟒，触及地面之后，就开始肆虐，把房屋、人畜和森林吸个精光，3 个小时内，造成一片浩劫后的凄惨景象。最令人惊异的事，还是发生在这次龙卷风刚开始形成的时候。"巨蟒"横过小河，遇上一座难以逾越的峭壁，于是折回来，将一座新建的 75 米长的钢筋水泥大桥从桥墩上"拔"起，然后顽皮地把它扭了几扭，远远地抛入河中。在这场灾难中，堪萨斯州南部一个叫欧文的小镇，一幢平房被整个抛到了空中。而此时，房主还在屋里睡觉呢，空中浓密的尘土把他呛醒后，他并没有意识到灾难已经发生，便打开房门往外走，一脚踩空，竟从 10 米高的空中摔下来，受了重伤。

1904 年 6 月 29 日，莫斯科一个工厂的工人被龙卷风吸到 4 米高，飞到 100 米以外，甩在一个花园里；另外两人被抛到 20 米的高空，甩到很远的一个大院里。

1925 年 3 月 18 日，美国密苏里、伊利诺斯和印第安纳 3 个州发生强龙卷惨案。龙卷风以 30 米/秒的速度扫荡了 360 千米，使美国损失了 4000 万美元，造成 889 人死亡，2000 多人受伤。

1953 年 6 月 9 日，美国马萨诸塞州两个妇女正在路上行走，被龙卷风吹离地面。睁眼一看，一个婴儿在离她们不远的空中飞舞。她俩本能地伸出手去抓婴儿，居然像拉大气球那样，费了九牛二虎之力，才把婴儿拖了回来。

1956 年 9 月 24 日，超强龙卷风袭击上海市杨浦区军工路一带和东、西郊区，一只 11 万千克重的空储油桶被"拎"到 10 米高的空中，甩到 100 多米远的地方。

1970 年 5 月 27 日，龙卷风袭击湖南津县，途经津水时，在江心卷起了一个高 30 米、底面积达几十平方米的大水柱。龙卷风的"象鼻子"则吸干了河水，露出了河底淤泥。

1978 年 3 月 20 日，在印度发生的一次龙卷风，历时只有几分钟，移动的路程仅 3 千米。但在 500 米宽的地带内，所有建筑物被破坏殆尽，20 人死亡，数百人受伤。

1979 年 4 月 17 日下午，龙卷风袭击了湖南常德县双桥坪公社，12 岁的放牛娃姚某被卷到二三十米高的空中，飞过两座小山、一口大水塘，摔到二三里外的地方。

　　1979 年 6 月 16 日，大庆油田发生一起龙卷风，强大的气流把汽车拖车和摩托车一股脑儿卷到空中。

狂暴的龙卷风

　　1987 年 11 月 25 日 19 时许，湖南省祁阳县黄泥塘镇建新村 19 岁的青年农民董春石，在离家 200 米的湘江边洗衣裳，突然被一阵龙卷风吹得不知去向。董春石的父母和全村人找了 4 天，没有踪影。直到 30 号上午 9 点钟，才从电话里得知，董春石现在郴州地区招待所。原来那天他被龙卷风卷起，只感到身子飘然腾空，旋即便失去了知觉，直坠落到郴州地区招待所，被当地人送到医院才抢救过来。他在空中飘了 130 千米，居然幸免于难，创造了被龙卷风远距离吹送保全性命的奇迹。

1988 年 7 月 2 日 18 时 15 分，上海松江县新滨乡泾圩村 30 多岁妇女刘兰芬在卖粮回家途中，被龙卷风吸上数十米高空，降在 500 米远处一家农舍院中，安然无恙。

1996 年 7 月 14 日夜至 15 日凌晨，江苏扬州市泰兴、邗江等地 13 个乡镇出现强龙卷，造成 23 人死亡，1 人失踪，400 多人受伤，近万间房屋倒塌。事隔不到一星期的 7 月 21 日 12 时，龙卷风又袭击了安徽省庐江县。狂风过处，飞沙走石，树木被连根拔起。3 个小时内吸倒房屋 306 间，折断电杆 394 根，450 余棵大树被刮倒，4000 多亩成熟早稻被毁坏，并造成 3 人死亡，8 人受伤。

不断迫近的龙卷风

龙卷风是怎样形成的呢？人们对此主要有 2 种认识：

①认为在强烈不稳定的大气中产生的。由于不稳定的大气中

存在着很强的升降运动，在升降气流之间，有强烈的切变存在，空气绕水平轴运动，于是就出现了龙卷风。

②认为在两条线的交叉点上形成的。当强烈的雷暴天气出现时，其边缘地带便形成明显的暖湿分界线，风向风速也出现较大差异，于是，就会出现绕垂直轴旋转的空气涡旋，涡旋逐渐发展，越来越厚，就形成了龙卷风。

龙卷风是一种突生突消的小范围天气现象，且天气过程剧烈，活动规律不定，因而较难预测和预防。但随着科学技术的发展，人们对龙卷风的认识在不断提高，因而对龙卷风的预测和预防也有了一些相应办法：

①利用卫星和雷达跟踪，一有苗头，马上采取预防方法，以减免灾害损失。如美国是龙卷风多发国家，他们利用先进的卫星和雷达等现代化工具，进行跟踪预测，很有成效。

②"织小网捞小鱼"，由于龙卷风是小范围天气现象，目前气象观测站网较稀，难以捞到"小鱼"。因此，在龙卷风多发地区，增加气象观测站网密度，就可及时探测到龙卷风，从而进行有效的预防。

③加强联防，密切注视天气变化。在有龙卷风前期征兆出现的地方，采取人工方法，破坏其生成和发展条件，使龙卷风消失在萌芽状态之中。

④保护自然环境，注意生态平衡。龙卷风多发生在高温高湿或气象条件差异较大的地区，如水体与裸露地的交汇处、黄土坡岗与平川水田的过渡处、城乡结合部等，因此，植树造林，增加地面植被，改善气候条件，也是减少龙卷风灾害的有效措施之一。

十、黑色幽灵——沙尘暴

　　1977 年 4 月 22 日，甘肃省张掖市吹来了一场怪风。村民说，在半小时前，天空渐渐开始昏暗，顷刻之间，沙石、尘土满天飞扬，狂风呼啸，令人胆战心惊。这场怪风来得真可怕，把十几个小学生吹落到水渠里，不幸身亡；上万亩良田的表层肥土被刮得一干二净；许多村民逃离家乡。有人说这是妖魔鬼怪吹来的"妖风"。

　　其实，这就是气象学上常说的沙尘暴。

76

1951 年 4 月 17 日 14 时 00 分叙利亚大马士革发生沙尘暴，
图是从飞机上拍摄的

　　沙尘暴一般产生在干旱或半干旱地区，通常都有强冷空气天气过程配合。由于这些地区气候干燥，日光照射强烈，植被稀少，地表面干燥疏松，裸露的大地在太阳光强烈照射下，温度升得很高，并使近地面的空气迅速受热膨胀上升，这样，周围的空气又迅速来补充，形成强烈对流，这种上下的对流加强后，与冷空气过境的大风结合容易形成暴风，暴风裹挟着沙土扶摇直上，横冲直撞，成了沙尘暴。

沙尘暴受到强大而持续的风的吹送，会把已卷入空中的细微尘土，再次送入几千米高空，并形成黄沙云团。在高空气流的引导下，被输送到几百千米，甚至几千千米以外。强的沙尘暴所经之处，会把地面的沙石卷起，甚至危及人的生命安全。

沙尘暴到来时，能见度显著下降，其水平能见度为 200 ~ 1000 米，风很大；强沙尘暴的水平能见度小于 200 米，风速大于 20 米/秒。沙尘暴和强沙尘暴都属于灾害性天气现象。

沙尘暴天气源于沙漠。具有丰富沙尘源的荒漠和半荒漠地区和发生在近地面的大风，构成了沙尘暴天气的物质基础。我国现有沙漠及沙化土地主要分布在北纬 35° ~ 50° 的内陆盆地和高原，形成一条西起塔里木盆地、东至松嫩平原西部，东西长 4500 千米、南北宽约 600 千米的沙漠带，总面积达 168.9 万平方千米，占国土面积的 17.6%，沙漠每年以 2460 平方千米的速度扩展，全国有近 1/3 的国土面积遭受风沙灾害。

森林锐减、植被破坏、土地荒漠化和全球气候变暖、气候异常是导致沙尘暴逐年增多的主要原因。近些年，我国北方大部分地区降水明显偏少，年平均气温较常年偏高。不少地区夏季还出现了建国以来罕见的持续高温天气，致使北方大部分地区发生了大范围的前期严重干旱。入冬以后，寒冷的天气使裸露的地面土

2008 年 7 月 11 日，尼日尔首都尼亚美遭遇沙尘暴

壤严重冻裂，冻土层加厚，从而导致解冻后松土层偏厚。冬末春初，降水少、气温升高，土壤含水率低，表层干燥、疏松。入春后，影响我国的冷空气比较频繁，大风天气明显偏多，而更为严重的是由于长期以来，西北土地大规模开垦、过度放牧及大量砍伐林木等，自然植被遭到破坏，土地荒漠化日趋严重。

　　沙尘暴严重污染空气，危害人体健康，造成土地沙化、农业减产绝收、草原退化、牲畜大量死亡。对工业生产、航空，特别是高新技术产业，更具有难以防范的破坏力。据了解，全国有数千千米铁路、数万千米公路和数万千米灌渠由于风沙危害，遭到不同程度的破坏。全国每年由于沙尘暴危害所造成的经济损失达500 多亿元，且有逐年大幅递增的趋势。

　　为了减少沙尘暴带来的灾害，必须合理利用生态资源，植树造林、种草，保护土壤植被；做好水土保持，防止土地干旱和土地沙漠化。

第8章

风的善与恶

人类如果没有风，靠风力传播花粉的植物就无法繁殖；污染的大气就得不到稀释；帆船将无法在水上航行；人类赖以生存的空气会如同"一潭死水"，污浊不堪；许多生物将难以生存……可是，当狂风怒吼的时候，已成熟的作物便会脱粒、落果、倒伏、根茎折断。狂风又能把肥沃的表土吹走，使作物根部裸露；也会把别处的沙土吹来，淹没良田。不仅如此，它还能把人吹倒，把房屋吹坍，把一切东西都卷走……风就是这样，有着"善"与"恶"的两面。

一、人们离不开风

风在自然界里做了许多工作。

风能使大范围的热量和水汽混合、均衡，调节空气的温度和湿度；能把云雨送到遥远的地方，使地球上的水分循环得以完成。

东北信风在大西洋接近赤道一带，激起了强有力的海水流动，把大量的海水驱向北美洲海岸，海水流到墨西哥湾以后，在这里开始弧形地沿着北美洲海岸的流动，而后穿过美国佛罗里达及古巴间的狭窄的海峡，再向广大的洋面流去。它与安第列斯岛的洋流汇合以后，形成了世界上最强有力的海水流——墨西哥湾暖流。暖流将南方的温暖带到了欧洲西北部。与此纬度相同的加拿大东海岸，冬天冷到 - 20℃；但这里的温度却在0℃以上，沿岸的海水常年不冻。加拿大群岛上长的是耐寒的苔原，欧洲西北部则长有茂密的针叶林。有人估计，这股暖流每年给这里每米长的海岸带来的热量，等于燃烧6万吨煤所产生的热量，这是多么巨大的天然的"暖气设备"啊！

欧洲西北部温和的气候，主要由墨西哥湾暖流造成。而西欧温暖的气候，也大大地依靠着不时地从海洋吹来的西南风，这种风带来了温暖和潮湿的空气。在北太平洋，东北信风吹刮海水向西流（北赤道海流），由于西岸陆地的阻挡，它转向南北。向北

春秋时节，和风煦日

的这支从我国台湾省东面进入东海，再向东北方向流去，然后从日本九州南面流出东海。这支海流比周围的海水温暖，颜色蓝黑，称为黑潮暖流。黑潮暖流有一个小小的分支沿黄海向西北方向流去，直指渤海海峡，我们叫它黄海暖流。它能穿过渤海海峡到达秦皇岛的沿岸一带，送去大量的热量，这是这里冬季海水不结冰的一个重要原因。黑潮暖流的另一支直抵日本近海，使那里的海水温暖起来，冬季的水温要比同纬度的太平洋东岸高出 10℃左右。

印度洋的季风则支配着印度半岛的全部农业生产。在冬季（12 月中旬到明年 5 月底），这里吹干燥的东北风——冬季季风，造成了干燥、明朗的天气。从 6 月起，夏季风开始，风从海洋吹来，是潮湿的西南风。全印度都出现了大雨，全国的农业收成都是与这种雨相关联的。如果某年"季风雨"比常年开始得迟些或者结束得早些，则荒年和饥馑将不可避免。

我国多数地方也受季风影响。夏季从海洋上吹来的暖湿气流带来了丰富的雨量，加上温度高、日照充足，使农作物和动植物都能良好地生长。夏季风还深入到大陆内部，使那里不致成为浩瀚的沙漠，大部地区仍然是农牧业生产的好地方。

风把水汽散布到地球的各个地方。强有力的气流把水汽带到干燥地区来。风在地面上输送水汽的巨大工作，可以由这种事实看出来：落在地面上的雨量，每一秒钟将不少于 1500 万吨。

软软的微风，还帮助了植物散播花粉，让一些异花授粉的植物得到必要的花粉，使植物能"成家立业"，形成种子、结出果实，为植物留下了后代。像青松、白杨和紫红的高粱，就都是由风当了"媒人"才产生后代的。风还能将有些植物的种子吹送到远方，让它们在新的环境里生长发育，继续繁荣自己的"新家庭"。风尽到了帮助植物繁育后代的责任，还要去改善植物的生长发育环境。它为植物的生育创造舒适的条件，从密集的植物中赶走了集结在近地面层的冷空气，驱散掉湿热的暖空气，不让植物"着凉"受冻，也不叫植物闷热难受。随微风的吹拂，植物群

微风中的芦苇

体内部的空气不断地得到更新，以改善植株周围空气的二氧化碳浓度，使光合作用保持在较高的水平上。同时，风又频频地摇动枝叶，让每片枝叶都能有充分的机会享受阳光的照射，制造出更多的糖分来滋补身体，增强体质，使植物长得更加青翠可爱。微风还能帮助一些植物散发出诱人的香味，招引来昆虫和动物替它们授粉和播撒种子。

所以说，人类不能没有风。

二、古人巧借东风

历史上一直流传着三国时期诸葛亮借东风的故事，至今仍脍炙人口。

这故事发生在建安十三年（公元208年）11月。当时，曹操率兵50万，号称80万，进攻孙权。孙权兵弱，他和曹操的敌人刘备联合，兵力也不过三五万，只得凭借长江天险，据守在大江南岸。

赤壁之战中两军对垒

这年10月，孙权和刘备的联军，在赤壁（今湖北省赤壁市境内）同曹操的先头部队遭遇。曹军多为北方兵士，不习水战，不少人得了疾病，士气低落。两军刚一接触，曹军方面就吃了一个小败仗。曹操被迫退回长江北岸，屯军乌林（今湖北洪湖市境内），同联军隔江对峙。为了减轻风浪对船舰的颠簸，曹操命令工匠把战船连接起来，在上面铺上木板。这样，船身稳定多了，

84

人可以在上面往来行走，甚至还可以在上面骑马。这就是所谓的"连环战船"，曹操认为利用它渡江是个好办法。

但是，"连环战船"目标大，行动不便。所以，有人提醒曹操防备联军乘机火攻。曹操却认为："凡用火攻，必藉风力。方今隆冬之际，但有西风北风，安有东风南风耶？吾居于西北之上，彼兵皆在南岸，彼若用火，赤壁之战图是烧自己之兵也，吾何惧哉？若是十月小春之时，吾早已提备矣。"

联军大将周瑜也看到了这个问题，只是因气候条件不利火攻，急得他"口吐鲜血，不省人事"。刘备军师诸葛亮用"天有不测风云"一语，点破了周瑜的病因，并密书 16 字："欲破曹公，宜用火攻；万事俱备，只欠东风。"

诸葛亮由于家住距赤壁不远的南阳（今湖北襄阳附近），对赤壁一带天气气候规律的认识，比曹、周两人更深刻、更具体。秋、冬季盛行西北风是气候现象，在气候背景下偶尔出现东风，这是天气现象。在军事气象上，除了必须考虑气候规律之外，还须考虑天气规律作为补充。当时，诸葛亮根据对天气气候变化的分析，凭着自己的经验，已准确地预报出出现偏东风的时间。但为唬弄周瑜，他却设坛祭神"借东风"。

11 月的一个夜晚，果然刮起了东南风，而且风力很大。周瑜派出部将黄盖，带领一支火攻船队，直驶曹军水寨，假装去投降。船上装满了饱浸油类的芦苇和干柴，外边围着布幔加以伪装，船头上插着旗帜。驶在最前头的是 10 艘冲锋战船。这 10 艘船行至江心，黄盖命令各船张起帆来，船队前进得更快，逐渐看得见曹军水寨了。这时候，黄盖命令士兵齐声喊道："黄盖来

诸葛亮

降！"曹营中的官兵，听说黄盖来降，都走出来伸着脖子观望。黄盖的船队距离曹操水寨只二里路了。这时黄盖命令"放火！"号令一下，所有的战船一齐放起火来，就像一条火龙，直向曹军水寨冲去。东南风愈刮愈猛，火借风力，风助火威。曹军水寨全部着火。"连环战船"一时又拆不开，火不但没法扑灭，而且越烧越盛，一直烧到江岸上。只见烈焰腾空，火光冲天，江面上和江岸上的曹军营寨，陷入一片火海之中。

在烟火弥漫之中，曹操率领残兵败将，向华容（今湖北省监利县西北）小道撤退。不料，途中又遇上狂风暴雨，道路泥泞难行。曹操只好命令所有老弱残兵，找来树枝杂草铺在烂泥路上，让骑兵通过。可是那些老弱残兵，被人马挤倒，受到践踏，又死掉了不少。后来，他只得留下一部分军队防守江陵和襄阳，自己率领残部退回北方去了。

赤壁之战，东风起了很大作用，唐朝诗人杜牧有两句名诗道："东风不与周郎便，铜雀春深锁二乔。"意思是多亏老天爷把东风借给了周瑜，使他能方便行事，否则孙策的夫人大乔和周瑜的夫人小乔会被曹操掳到铜雀台去了。

三、走近荷兰风车

去过荷兰阿姆斯特丹的人，脑海里会长时间被一种风景占据：它静静地矗立在地平线上，远远望去仿佛童话世界一般，那一刻便注定令人不能忘记，不能忘记它和它的国度。这就是风车，荷兰的风车。

地处欧洲西海岸的荷兰，与大不列颠岛遥遥相望并构成漏斗形尾部的地理特征，大西洋季风从北海长驱直入，荷兰正处风带要冲，一年四季盛吹西风。同时它濒临大西洋，又是典型的海洋性气候国家，海陆风长年不息。这就给缺乏水力、动力资源的荷兰提供了利用风力的优厚补偿，风车也就应运而生。

1229 年，荷兰人发明了世界上第一座为人类提供动力的风车，从此开始了人类使用风车的历史。

风车首先在荷兰出现，主要取决于荷兰独特的地理位置和荷兰人对动力的迫切需求。荷兰这一国名在英语和荷兰语中都是"低洼之地"的意思，很久以前，荷兰是处于原始森林和沼泽树木

荷兰素有"风车王国"的美称

的覆盖之中。靠近北海的荷兰，地势低洼，沼泽湖泊众多，很多土地是在海平面6米以下。今天的阿姆斯特丹国际机场就位于低于北海海平面以下约4米处。

因为地势低洼，荷兰总是面对海潮的侵蚀，生存的本能给了荷兰人以动力，他们筑坝围堤，向海争地，营造生息的家园。

随着荷兰人民围海造陆工程的大规模开展，风车在这项艰巨的工程中发挥了巨大的作用。根据当地的湿润多雨、风向多变的气候特点，荷兰人对风车进行了改革：首先是给风车配上活动的顶篷；为了能四面迎风，又把风车的顶篷安装在滚轮上。这种风车就是典型的"荷兰风车"。

18世纪，荷兰风车达到了鼎盛时期，全国有1.8万座风车，最大的风车有好几层楼高，风翼长达20米；有的风车，由整块大柞木做成。风车除了用来排水灌溉外，还用来磨米发电，荷兰人依靠这些风车变沧海为良田，建设美好家园。

　　一代又一代的荷兰人，修筑了坚固的海堤和沟渠，他们采用了风车逐级提水的方法，把倒灌的海水排入大海。然后通过种植不同种类的植物，把大片的盐碱地逐步改造成了茂盛的草场和鲜花的种植园。19世纪后，荷兰风车的用途逐渐被蒸汽机和电力所取代。目前，荷兰仅剩970座风车，其中只有210座还在继续使用，余下的均作为历史古迹保留下来供人参观。

荷兰风车

　　荷兰人感念风车是他们发展的"功臣"，因而确定每年5月的第二个星期六为"风车日"，这一天全国的风车一齐转动，举国欢庆。鹿特丹市东南几十千米远的肯德代克村，有世界上最大的风车群。这里有19座17世纪遗留下来的风车，矗立在河岸两侧的堤坝上。据说风车节这天，整个肯德代克村张灯结彩，充满节日气氛，村民们身穿17世纪古代服装载歌载舞，热烈欢迎来自世界各地的游人。每座风车也都披红挂绿，巨大的十字形叶板徐徐旋转以示庆祝。肯德代克村村长则身穿古代部落族长的服装，站在一排风车面前，逐一向游人介绍风车处于不同状态时所表达的不同含义：风车上挂了国旗可能是一个小生命降生了，也可能是一对新人正在举行婚礼；当风车处于静止状态，风叶板向后倾斜时，预示着有不幸的事情发生，表达哀悼；在风叶板形成正十字形时，说明贵宾将至，表示热烈欢迎；当风车挂着花环和彩旗时，这天是国家的重要纪念日或节日。村长告诉大家，在荷兰到处都见得到风车，而风车可以告诉你一切，因此在荷兰不存在语言障碍。

虽然荷兰已是一个现代化的国家，但是它并未失去它的古老传统，象征荷兰民族文化的风车，仍然忠实地在荷兰的各个角落运转。人们无论从哪个角度观赏荷兰的风景，总能看到地平线上矗立的风车。从正面看，风车呈垂直十字形，即使它休息，看上去也仍是充满动感，仿佛要将地球转动。这种印象给亲临此地的人，都留下无法消逝的记忆。风车是荷兰那有着宽广地平线和飘满迷人云朵风景中的佼佼者，风车是荷兰民族的骄傲与象征，也是荷兰文化的传承与张扬。由此不难理解为什么人们称风车是荷兰的"国家商标"。

四、风力发电

风是一种潜力很大的新能源，18 世纪初，横扫英法两国的一

一组海上风力发电机

次狂暴大风，摧毁了400座风力磨坊、800座房屋、100座教堂、400多条帆船，并有数千人受到伤害，25万株大树被连根拔起。仅就拔树一事而言，风在数秒钟内就发出了1000万马力（即735万千瓦；1马力等于0.735千瓦）的功率！有人估计过，地球上可用来发电的风力资源约有100亿千瓦，几乎是现在全世界水力发电量的10倍。目前全世界每年燃烧煤所获得的能量，只有风力在一年内所提供能量的1/3。因此，国内外都很重视利用风力来发电，开发新能源。

利用风力发电的尝试，早在20世纪初就已经开始了。20世纪30年代，丹麦、瑞典、前苏联和美国应用航空工业的旋翼技术，成功地研制了一些小型风力发电装置。这种小型风力发电机，广泛地应用在多风的海岛和偏僻的乡村，它所获得的电力成本比小型内燃机的发电成本低得多。不过，当时的发电量较低，大都在 5 千瓦以下。

1978 年 1 月，美国在新墨西哥州的克莱顿镇建成的 200 千瓦风力发电机，其叶片直径为 38 米，发电量足够 60 户居民用电。

1978 年初夏，在丹麦日德兰半岛西海岸投入运行的风力发电装置，其发电量则达 2000 千瓦，风车高 57 米，所发电量的 75% 送入电网，其余供给附近的一所学校用。

1979 年上半年，美国在北卡罗纳州的蓝岭山，又建成了一座世界上最大的发电用的风车。这个风车有 10 层楼高，风车钢叶片的直径 60 米；叶片安装在一个塔形建筑物上，因此风车可自由转动并从任何一个方向获得电力；风力时速在 38 千米以上时，发电能力也可达 2000 千瓦。由于这个丘陵地区的平均风力时速只有 29 千米，因此风车不能全部运转。据估算，即使全年只有一半时间运转，它就能够满足北卡罗纳州 7 个县 1% ~2% 的用电需要。

怎样利用风力来发电呢？

我们把风的动能转变成机械能，再把机械能转化为电能，这就是风力发电。风力发电所需要的装置，称作风力发电机组。这种风力发电机组，大体上可分风轮（包括尾舵）、发电机和铁塔 3 部分。

风轮是把风的动能转变为机械能的重要部件，它由两只或更多只螺旋桨形的叶轮组成。当风吹向桨叶时，桨叶上产生气动力驱动风轮转动。桨叶的材料要求强度高、质量小，目前多用玻璃钢或其他复合材料如碳纤维来制造。由于风轮的转速比较低，而

新疆达坂城风力发电场

且风力的大小和方向经常变化着，这又使转速不稳定；所以，在带动发电机之前，还必须附加一个把转速提高到发电机额定转速的齿轮变速箱，再加一个调速机构使转速保持稳定，然后再连接到发电机上。为保持风轮始终对准风向以获得最大的功率，还需在风轮的后面装一个类似风向标的尾舵。铁塔是支承风轮、尾舵和发电机的构架。它一般修建得比较高，为的是获得较大的和较均匀的风力，又要有足够的强度。铁塔高度视地面障碍物对风速影响的情况以及风轮的直径大小而定。一般在 6~20 米范围内。发电机的作用是把由风轮得到的恒定转速，通过升速传递给发电机构均匀运转，因而把机械能转变为电能。

多大的风力才可以发电呢？

一般说来，3 级风就有利用的价值。但从经济合理的角度出发，风速大于 4 米/秒才适宜发电。据测定，1 台 55 千瓦的风力发电机组，当风速为 9.5 米/秒时，机组的输出功率为 55 千瓦；

当风速为 8 米/秒时，功率为 38 千瓦；风速为 6 米/秒时，只有 16 千瓦；而风速为 5 米/秒时，仅为 9.5 千瓦。可见风力愈大，经济效益也愈大。

风力发电在芬兰、丹麦等国家很流行；我国也在西部地区大力开展这项工程。

五、巧用风洞

1961 年，在美国旧金山市堪特来提斯克公园球场，美国联队和国家联队举行了一次棒球比赛，双方势均力敌，争夺十分激烈。在激烈的争夺中，当国家联队的优秀投球手米勒正准备投球时，突然刮来一阵狂风，把球从投球手的位置上吹走了，致使国家联队失去了 1 分。虽然国家联队在这场比赛中最后获胜了，但他们仍然要抱怨那阵狂风，因为它给出色的棒球运动员帮了不少倒忙。这种强劲而又反常的风，就称作"风穴"。

后来，美国科罗拉多州立大学的学者们找出了堪特来提斯克公园产生"风穴"的原因，主要是由于公园靠山临海的特殊地形和球场内四周建筑物的不合理分布所致。接着，他们通过风洞内的模拟实验，提出了球场的修建方案，为消除公园的"风穴"做出了贡献。

什么是风洞呢？

风洞是一种呈管道状的实验室，即风的物理模拟试验室。它

94

主要用来研究气流的物理性质或气流对物体的作用力。这种实验室中能产生速度为每秒几米直到超过音速二十几倍的气流。为了迫使空气流动而产生"人造风",特别设置有风扇之类的装置,以及控制气流的温度、湿度等附设的加热、冷却、动力等设备。现代风洞配备有光学仪器可以直观地显示气体流动的形态,同时有天平和传感器采集被测物体的各种数据,送到电子计算机处理系统,及时处理分析所得到的资料。

美国的一些著名建筑也得到了科罗拉多州立大学的帮助。如在耶尔瓦布埃纳岛设计的耶尔瓦布埃纳中心,共有 10 幢大楼和一个中心广场,大学的工程师们在风洞内仿制了这个中心并附有周围建筑结构的模型,还在风洞内施放示踪气体,借以观测建筑物周围的风速、湍流、风压、废气扩散等。模拟结果表明,原设计存在不少问题,如主楼大大超过了邻近建筑物的高度,以致招来很大的阵风,甚至比附近气象站观测到的最大风速还大 4 倍。此外,地下停车库有两个排气管的高度不适,排出的废气正好又经中心大楼的一通风口,回流入大楼内。为此,有关专家建议在广场上种植树木作为防风栅,以此来消除部分大风。根据耶尔瓦布埃纳中心在风洞内的物理模拟结果,建筑师们对原设计进行了修改,设计了一个合理的、科学的方案。

风洞研究表明,狂风是由一些可以预见到的空气动力效应造成的。树林、灌木丛、排廊、建筑物设计上的一些改动,都可以削弱这种效应。由于风洞研究的结果很令人满意,美国有些城市干脆规定,在建造高层建筑时,事先都要进行风洞实验。今天,在世界各国运行的风洞有几千座。

其实，早在19世纪后期就有专门供空气动力学研究用的风洞。20世纪50年代末期又创建了专门用于气象研究的风洞。这种气象风洞内的气流和温度的垂直分布不同，洞内的表面粗糙度、空气的压力梯度和湿度都可以随时调节，因此对研究近地面层各种各样大气状况下的风的作用极为方便。

美国珀杜大学建立了模拟龙卷风的实验室。该设备高7米、直径4米，实验室内装有鼓风机和其他装置，可以迫使气流打转，形成一个如同小龙卷的涡旋，涡旋漏斗长137厘米。同时该实验室还可用来模拟小型的台风或其他风暴。在室内装有仪器，可记录所模拟的龙卷或台风在不同部位的风速和压力。所有取得的模拟资料，都有助于了解龙卷或台风的结构及其破坏性，从而能更好地防范这些灾害，并减轻灾害带来的损失。

我国等级最高的风速标准设备，是中国气象科学研究院计量研究所的0.8米（实验段截面尺寸为0.8米×0.8米）风洞。这是一种低速回流闭口式风洞，它承担着气象部门风速标准量值传递和风速仪器测试工作，还承担着国家技术监督局委托的其他部门有关仪表的风速量值传递任务。这个风洞始建于20世纪50年代，其上限风速为40米/秒。到20世纪90年代中期经改造后最高风速可达72.73米/秒。此外，中国气象科学研究院还有测量0.1~2.4米/秒的微风风洞。

在我国以及美国、日本的风洞实验室，都设有转盘模拟实验装置。人们所要研究的地形模型放在圆盘内。这样的模拟实验可用来研究大气中各种尺度气流的活动情况，如气流流经青藏高原时的变化以及高原对东亚大陆范围气流流动的作用；也可用来模

96

拟龙卷风和台风的生消过程，或地形对台风移动路径的影响。这些模拟实验的结果，对预报天气和人工影响天气等方面都有一定的指导作用。

风洞技术还可以广泛应用于人们生活的方方面面。只要是与空气流动有关的问题，都可以在风洞中进行实验，进行研究。有的科学家利用风洞进行物理模拟研究，以解决在指定地区、在不发生互相干扰的情况下，可以合理安置多少台风力发电机，如何安置，并参照当地气象站的风速资料，提出风能转换为电能的合理设计依据。

六、风有恶的一面

风一旦发起脾气来，那可是有害无益的。

当狂风怒吼的时候，已成熟的作物便会脱粒、落果、倒伏、根茎折断。狂风又能把肥沃的表土吹走，使作物根部裸露；也会把别处的沙土吹来，淹没良田。不仅如此，它还能把人吹倒，把房屋吹塌，把一切东西都卷走。这种巨大的破坏力，我们在这里可以随便举出许多的例子。

1860 年，法国有一次暴风灾，风大得把两列火车从轨道上翻下来。1703 年，飓风在英国和法国连根拔掉了大约 25 万棵树，还破坏了 1000 所房屋和教堂，把 490 只船撞到岸上，又伤害了好几千人。

1969 年 1 月，在前苏联黑海东面的克拉斯诺达尔和罗斯托夫这两个地方，刮起了一场险恶的"黑风暴"。当它光临的时候，天昏地暗，飞沙走石。这种黑风暴，一连几天都不停。80 多万公顷的麦苗被吹得满天飞扬，棕黑色的土壤被狂风卷起，形成了长达数百千米的黑色雾浪。

据日本有关方面估计，1945～1965 年的 20 年间，因地震、大火、干旱、洪水、风等造成的重大灾害有 48 起，其中与风有关的就达 20 多起。在美国，因风害每年平均有 250 人死亡，2500 人受伤，财产损失的价值约为 5 亿美元。

98

2007 年 2 月 28 日凌晨 1 时 55 分左右，从乌鲁木齐驶往阿克苏的 5806 次旅客列车行至南疆线珍珠泉至红山渠间 42 千米 + 300 米处时，因大风造成车辆脱轨，11 节车厢在大风中倾覆，全部翻倒在风口的山坡上

在我国兰新铁路线哈密和吐鲁番之间，有一个著名的"百里风区"。列车经过"百里风区"，使人感到进入另外一个离奇的自然境界：刚刚还是风和日丽，转瞬间，只听得列车窗外北风呼啸，飞沙走石，黄土伴着沙石，如潮似涌，如烟似浪，有如万马

奔腾，又如雷霆霹雳，沙石打到车厢上，噼啪作响。这里曾多次发生列车玻璃被打坏，车厢被风颠起再推到铁轨外的事故。

据铁路部门经验，大风风速大于 43 米/秒，才能把空火车厢吹翻，在历史上，兰新铁路曾被风吹翻空车皮 10 多次，可见风力之猛。1960 年 4 月 9～10 日，疏勒河至哈密沿线大风，风力 7～8 级，阵风达 10 级，积沙埋过铁轨，最深处达 0.7 米，7 人由于大风迷失方向，有人被吹出 10 千米外，列车脱轨 2 次。1979 年 4 月 10 日，暴风雪袭击，最大风力达 12 级以上，能见度只有 6 米，全线停运 30 多小时。1982 年 4 月 5 日，寒流入侵，百里风区风力 10～12 级，正在风区内行驶的旅客列车有 5 节硬座车厢迎风面玻璃全部被风吹起的沙石打碎，行车中断 20 小时。

这只是一部分灾害个例。从这些例子可以看出，"百里风区"大风的巨大破坏性，令人不寒而栗。那么，同样是寒流侵袭，唯有"百里风区"风速奇大，危害最大，这到底是什么原因呢？原来是地形在作怪，空气和流水有同样的性质。当一股洪水涌进水库把水库灌满后，此时，一部分洪水会从坝顶溢出，而大量的洪水会从缺口处奔泻而下，其势力最猛。"百里风区"正是在这种情况下加强了风势的。天山横贯新疆中部，它正像一扇拦河大坝，七角井正好是天山中的一个缺口，强冷空气侵袭时，受天山阻挡，冷空气堆聚在新疆北部的准噶尔盆地，大量冷空气却从七角井的相对低的山区涌出，而天山之南正好是个盆地，海拔较低，冷空气从缺口涌出后，沿山坡下滑，一泻千里势如破竹，形成特强大风。这就是"百里风区"之奥秘所在。

在有些高山和沙漠地带，当大风狠狠地吹击山里的岩层时，吹着吹着，即使是最坚硬的岩层，也会渐渐地被风吹酥而剥蚀下来。大风中裹挟着沙石，破坏力格外地大。这些飞沙走石跟着风一起冲撞，一路上摩擦着并且破坏着岩石，它会把岩石打得光溜溜的，或者是打成像蜂窝似的一个一个的凹洞或深坑。在山岩上常常会造成对穿的穴道。在沙漠附近的山地，人们往往可以看到许多稀奇古怪的岩石：有的像巨人，有的像竹笋，有的像蘑菇，这些也是风对岩石玩的把戏。

新疆克拉玛依市东北部的风城

我国新疆克拉玛依东北的乌尔禾地区有一座方圆数十千米的奇特的"古城"。只见这里城楼耸立，街巷纵横，但是却渺无人烟。其实它不是古城堡的遗址，它是大自然塑造的风蚀地貌，是风的杰作。所以，人们称它为"风城"。

在距今1亿多年前的早白垩纪，这里是一个巨大的淡水湖。

当时气候湿润，植物茂盛，蓝天中翱翔着翼龙，湖畔生活着克拉玛依龙和乌尔禾剑龙，一派生机勃勃的景象。随着地壳长期缓慢地下陷，在湖沼中沉积了一套颗粒大小和疏密不一的沙泥质地层，由砂岩、泥板岩和砂页岩组成。以后，地壳上升，湖水干涸，变成一望无际的戈壁台地，这就是"风城"的前身。

台地的位置，正对着进入准噶尔盆地的三大著名风口之一老河口。在这里，经常会受到五六级以上定向风的吹蚀，加之火陆性气候所特有的暴雨，形成了无数的冲沟，加速了台地的破坏过程。由于组成台地的岩石性质不同，抗风化和抗风蚀的能力也不同，造成了差别侵蚀，使台地变得支离破碎，高低不平，有呈针状、锥状、塔状、蘑菇状等，外貌奇特。

在风的长期作用下，一切较小的整个山峰或山脉，也都能被它剥蚀掉。过去曾经有过高高的山岳的地方，如今只剩下光秃秃的山冈了；而且，这些光秃秃的山冈，它们以后又会一步一步地被剥蚀掉。

山岩在被风破坏的过程中产生了大量的砂粒和尘土。有的砂粒被水冲到河流中及海边，有的则沉积在沙漠上，成为浮动的、容易飞扬的沙丘。尘土由于风力会升腾到3000米以上高空，而后被吹到数千米以外。这样，尘土成天地保持在空气中，造成了天空中的朦胧状态。荒漠中的沙层，常常成为对文化和人类进步的威胁。历史上曾经记载了不少的先例，在风力作用下的流沙掩埋了城镇，甚至于大片的肥沃土地。

七、受重创的"哈尔西"舰队

事情发生在 1944 年 12 月 16 日晚，拥有 20 多艘航空母舰、8 艘战列舰、数十艘巡洋舰和驱逐舰的美国"哈尔西"舰队，分成 3 个特混舰队，浩浩荡荡地向太平洋东部海面前进，准备攻打吕宋岛。

拥有这支强大的战斗舰群，从舰队最高指挥官到普通士兵都兴奋异常，似乎即将到来的作战已稳操胜券。然而，他们万万没想到，他们中间的一些人，还未等到与敌军作战，便踏上了不归之途。

17 日黎明，海面涌起了白色的波浪，到处是灰蒙蒙的一片。起初他们还不以为然，不久海风越刮越大，舰船也随着风浪摇晃颠簸起来。这时，舰队已经接近了由 24 艘大型供油舰组成的供油部队，为了继续航行和作战，他们必须加足油料。于是，数十艘舰船不顾大风大浪开始向供油舰靠近。然而，只有几艘驱逐舰冒着相撞的危险接近了供油舰，好不容易才加进几百加仑油，由于风大浪急，加进的油又流了出来，到了下午，舰队指挥官终于无可奈何地命令舰队停止加油作业。

18 日，与风浪苦斗了两天多的"哈尔西"舰队，由于气象预报不够及时、准确，在预定的航线上，有几艘满载飞机的航空母舰舰队军舰又误入了致命的台风风暴中心。恶魔一样的暴风雨怒吼着扑向这支舰队，战舰难以控制，只有听天由命，在海面上无可奈何地剧烈摇晃着。

从上午 11 时到下午 2 时的一段时间内，风力达到了顶峰，山一样的怒涛拍打着军舰，舰首忽地跌进水下面，一会儿又沉重地抬起头来。海水从舷旁和锚孔里像瀑布一样落进海里，急流般的暴雨和石子般的浪花以及被强风刮成小碎片的雨云，使能见度变得很糟，几乎伸手不见五指，官兵们在剧烈的摇晃中还未缓过神来，又陷入了可怕的黑暗之中。顿时，他们一个个惊恐万状，一些人开始不停地祈祷，然而，一切都无济于事。

不知什么时候，"哈尔西"舰队已经被暴风雨吹打得七零八落了，有几艘军舰误入了风暴的中心，任凭强风暴"折磨"。另外一些军舰有的像碎片一样在摇晃，有的像树叶一般在海上漂流，然后，一艘又一艘地漂离了队伍。在"考佩斯"号航空母舰上，被牢牢固定在飞行甲板上的几架战斗机，在大风的吹刮下有的突然扯断绳索向前滑去，猛烈地撞在舰桥上起了火，几名奉命前去加固的士兵刚走上甲板，就像小纸片一样，被飓风无情地卷入了大海，其他人只有呆在机舱里，眼睁睁地"目送"战机一架又一架地"葬身"大海。

曾经经历了从珍珠港到莱特湾历次海战的"摩纳于"号驱逐舰、2000 吨钢铁制造的"斯潘塞"号驱逐舰以及老式小型的"赫尔"号驱逐舰，在凶猛的台风袭击下，相继沉入海底，永远从海面上消失了。直到 18 日下午 2 时 30 分以后，风力才渐渐减弱，台风开始向太平洋的开阔水域移去。

这场强台风，造成了 3 艘驱逐舰沉没，90 名官兵死亡或下落不明，146 架舰载飞机被吹进海里。虽然战列舰和大型航空母舰未受大的损害，但整个舰队已元气大伤，特别是轻型航空母舰损坏严重，美军第 3 舰队对吕宋岛的进攻也因此被迫停止。

八、恐怖的天外来客

事情发生在宁夏固原地区彭阳县古城镇温沟村，时间是 2005 年 7 月 11 日 16 时。这天，32 岁的村医马凤军离开邻乡双磨村的岳父家，骑一辆摩托车带着妻子海耀凤、6 岁的儿子元元和 4 岁的女儿娟娟往 20 千米外的家里赶路。走到半道，突然变天了，一团团暗灰色的浓云自北向南疾速飞行。旋即，云层中出现了令人发怵的暗红色，随着云朵一次次翻江倒海般地炸裂，狂风大作，暴雨裹着冰雹呼啸而来。就在马凤军的摩托进入村口时，突然，一棵被连根拔起的大树像恐怖的天外来客，向他们左前方扫过来。马凤军急刹车，在海耀凤和两个孩子的惊叫声中，大树狠狠地摔在车轮前几十厘米的地方。

到家了，他们终于松了一口气。正当海耀凤用最快的速度打开门锁时，一股强有力的气流"哗"地一声把她吹到了屋子里。天色瞬间黑下来，鸡蛋大的冰雹从天而降。前后也就几秒钟时间，马凤军和他的两个儿女却被隔离在仅有 2 平方米的门洞里。两个孩子不敢出声，紧紧依偎在父亲身旁。气温几乎降到了 0℃，浑身打颤的马凤军解开衣扣，将两个孩子用衣襟裹

狂风暴雨突袭

起来。

冰雹的倾泻戛然而止，剧烈的狂风，卷动着四面八方的雨水呼啸而至，门洞发出了"吱吱"的响声。"不好，门洞要塌了！"本能的反应让马凤军赶紧搂住两个孩子，冒雨跑向院外的空地上。刚跑出几步，就听到身后一声巨响——门洞倒塌了。在这个充满恐怖的世界里，马凤军不知道下一步还将发生什么灾难。

大约 16 时 40 分，一阵飓风吹来，马凤军陡然感觉脚下变轻，他下意识地将两个孩子搂得更紧。就在此时，父子三人被强大的气流卷了起来，从积满白花花冰块的地面腾空而起。彻骨的恐惧让马凤军差点松开双手，是孩子的哭叫声提醒了他。他知道，只要一松手，两个孩子也许就会被抛向九霄云外。想到这里，马凤军极力使自己镇静下来。但在巨大的风暴中，他们就像纸片一样轻微，在空中没有目标地摇摆着。此时，父子三人被提升的高度足足有20米。

他们随着一个巨大的空气漩涡，慢慢地转来转去。马凤军终于想到，这样的灾难，很可能就是书本里所说的龙卷风。

狂风暴雨将千余棵树连根拔起

在这可怕的旋转飞翔中，马凤军看到了下面自家房顶的瓦片被风刮得无影无踪，院子外边的十几棵大树，已全被拦腰斩断或连根拔起。邻居家两间房子的房顶，随着几声沉闷的响声，在他的眼皮子底下飞上了天空。

突然，马凤军感觉自己的背部被什么东西重重地撞击了一下，身体旋转了180°。这时，他发现自己的臂下正是自己家院外边中国联通的专用通讯电缆，便赶紧腾出紧搂孩子的右臂顺势夹住了电缆。不久，风力渐渐变小，左手抱着的两个孩子越来越重，马凤军的手臂开始酸麻。就在快要绝望的时候，他猛地发现几米外的电缆下有一堆麦秸垛，便顶着风，凭借右手臂一点点向麦秸垛方向移动，终于移到了麦秸垛的上方。他决定让女儿先着陆，喊了一声："娟娟，闭上眼睛!"然后将她松开。孩子惊叫着落了下去，正好落在了麦秸垛顶部，娟娟裹着麦秸滚到了地面上。马凤军再次告诉元元"闭上眼睛"，元元也落到了麦秸垛上，被弹起后又滚到了附近的排水沟里。最后，马凤军也跳了下去，顺利落地，身体丝毫未损。他赶紧去抱孩子，发现元元在水沟里被撞得锁骨轻度骨折，而娟娟则安然无恙。

据统计，在这次史无前例的龙卷风灾难中，全村共有21间房屋倒塌，300多棵大树被刮断或连根拔起，17人重伤。而马凤军父子三人却在被抛空20米旋转飞翔的情况下奇迹般生还，没有大碍。

马凤军父子三人在龙卷风灾难中生还的确是幸运的，因为由龙卷风导演的剧目多数会以悲剧告终。

九、风灾中如何避险

一旦发生了风灾，我们怎样才能躲避它，以把损失减少到最低程度呢？这是人们普遍关心的问题。

1. 躲避台风

台风带来狂风暴雨，造成生命和财产的巨大损失，所以每当热带洋面上有台风生成，气象台就会发布预报。那么，如果你在偏远的地方，或收不到天气预报，能否根据某些迹象自己推断台风是否会到来？能！

台风活动在海洋上，会掀起巨浪。巨浪向四周传播，尤其是在它行进的前方，海浪尤其明显。因此，台风到来之前你能看到从台风中心传来的波浪。这种波浪与一般的波浪不同，浪顶是圆的，浪与浪之间的距离也比较长，在气象学上叫"长浪"或"涌浪"，浪的声音比较深沉，每小时传播 70～80 千米。而当它靠近海岸时，就会变成滚滚的碎浪，使海岸水位提高。如果看到长浪越来越猛，说明台风正向你所在的地方移来。

通常，台风来临前两三天，沿海地区可以听到海响，嗡嗡声如飞机在远处飞翔，又如海螺号角声，或似雷声回旋，夜深人静时声音尤其清晰响亮。如果发现声响逐渐增强，说明台风在逐渐逼近；如果发现声响逐渐减弱，说明台风逐渐远去。

云系变化也是台风到来之前的一种先兆。台风云系的特点是云系围绕它的中心快速旋转，越到外围云越薄越高。因此，根据这些云状的特征，可以大致了解台风未来的动向。例如，当看到东方天边出现乱丝一样发光的云，从地平线上像扇子一样向四处散开来，有六七千米高，往往在早晨或傍晚伴有霞光，说明台风中心距离当地只有五六百千米了。当原来发光的丝状云逐渐增厚，条纹也看不清楚了，说明台风中心距离更近了，只有三四百千米了。以后，随着台风中心逐渐逼近，像破棉絮一样的灰白色的低云从空中飞过。这时，我们面朝着云飞来的方向站着，右手向右平伸，右手指的方向就是当时台风中心所在的方向。只要我们连续观察几次，就可以大致估计台风朝什么

108

2008 年 9 月 28 日，超强台风"蔷薇"袭击台湾，岛内狂风暴雨大作

方向移动。

　　台风从东南方向的太平洋上移来，影响大陆的时候，往往先刮偏北风。所以，如果在台风季节出现持续时间比较长的偏北风，就要估计有台风来临的可能性。

　　台风来临前海洋上会出现浮游生物反常活动的现象。例如，台风来之前三天，经常可以发现海面上出现"海火"，就是海面上出现一点点、一片片的磷光，时隐时现。"海火"是一些发光浮游生物和寄生有磷细菌的某些鱼类在海水表层浮动产生的。有时还会发现一大群鸟急忙飞向陆地，或者因久飞而过度疲倦跌落在船上、海面上或停息在船的甲板上，任人驱赶也不愿飞去。一旦发现这些情况，就应该估计台风即将靠近。

　　台风来临时，我们又该如何做呢？

要领：①得知台风将临的消息后，准备好收音机、手电筒，穿耐磨的鞋子，多穿几件衣服，最好戴帽子或用毯子、外套把自己盖起来。②把房子附近的物品收好，以免刮风时它们成为投射物。③从事户外工作的人应立即停止工作，并火速寻找避难场所。④驾车人要暂时停驶，离开汽车，到坚固场所避险。⑤在室内的人应躲进地下室或一楼中间的房间里。

切记：①不要躲在类似浴室那样，到处是易碎玻璃的房间。②不可躲在楼上。

2. 躲避龙卷风

龙卷风多发生在夏秋季的雷雨天，尤以午后至傍晚最多见。

要想躲避龙卷风，首先要学会识别龙卷风。龙卷风的特点是：范围小，生命史短，直线行走，风力极大，内部气压极低。

范围小 据观测，水龙卷的直径通常只有 25～100 米，陆龙卷虽然稍大，但其直径也不超过 1 千米。

生命史短 龙卷来去匆匆，从开始生成到消亡，不过短短几分钟，最多也只有几个小时。

直线行走 龙卷移速极快，要叫它转个弯，就如赛场上的跑车在快速行进中急转弯一样不容易。所以，龙卷风几乎都是直线行走的。

风力极大 人们通常把大于 32.6 米/秒的 12 级大风称为飓风，而强龙卷的风速往往可高达 50～150 米/秒，极端情况下，甚至达到 300 米/秒或超过声速。由于其风速极大，所以具有毁灭性的破坏力。

内部气压极低　龙卷的内部气压在几秒钟或十几秒钟内可下降大气压的 8%。当龙卷从屋顶经过时，外面的气压突然降低，而室内气压并未同时下降，这种瞬间发生的内外气压差，就对墙或屋顶产生巨大的作用力。突然施加的力加上疾速旋转上升的速度，当然会毫不费力地把屋顶掀塌。这同氢气球升到一定高度，由于高空气压比球内低，球就会爆炸是一个道理。

当云层下面出现乌黑的滚轴状云，当云底见到有漏斗云伸下来时，龙卷风就出现了。龙卷风从正面袭来时，有一种沉闷的呼啸声，由远而近。如果听到这种声音，应马上采取紧急措施。千万不可因为龙卷风开始移动的速度不快，就掉以轻心。

掌握必要的避险知识，可以将龙卷风引起的损失降至最小。

龙卷风来袭

在公共场所的避险要领：①听从应急机构的统一指挥，有序进入安全场所。②如果在学校、医院、工厂或购物中心，要到最接近地面的室内房间或大堂躲避。远离周围环境中有玻璃或有宽屋顶的地方。③如果是在移动的房屋里，唯一的方法就是弃之而逃。

切记：不要慌乱，避免挤踏，保证个人安全。

在家中的避险要领：①迅速撤退到地下室或地窖中，或到房间内最接近地面的那一层屋内，并面向墙壁抱头蹲下。②迅速到东北方向的房间躲避，远离门窗和房屋外围墙壁等可能塌陷的移动物体。③尽可能用厚外衣或毛毯将自己裹起，用以躲避可能四散飞来的碎片。④跨度小的房间要比大房间安全。⑤贵重物品要向楼下转移，也可放在洗衣机、洗碗机等电器里。

切记：不要匆忙逃出室外，尽量在屋内寻找安全地带。

在户外的避险要领：①就近寻找低洼处伏于地面，最好用手抓紧小而不易移动的物体，如小树、灌木或深埋地下的木桩。②远离户外广告牌、大地、线杆、围墙、活动房屋、危房等可能倒塌的物体，避免被砸、压。③用手或衣物护好头部，以防被空中坠物击中。④在屋外若能够看到听到龙卷风即将到来时，应避开它的路线，与其路线成直角方向转移，避于地面沟渠中或凹陷处。

切记：不要在龙卷风前进的东南方向迎风躲避，这样极易遭到伤害。

3. 躲避沙尘暴

沙尘暴发生时的风很大，水平能见度小于 1 千米。强沙尘暴的水平能见度小于 200 米，风速大于 9 级；特强沙尘暴的水平能见度小于 50 米，风速大于 10 级。

沙尘暴可以带来大风、风沙流、环境污染以及风蚀等危害。那么，我们如何做才能躲避沙尘暴的侵害呢？

在家中的避险要领：①关闭好门窗，并将门窗的缝隙用胶带封好。外出回家后，将灰尘抖落干净，落下的灰尘及时擦拭。②老人、孩子及病人要尽量待在家里，不要外出。③屋里能见度低时，应及时照明，以免发生碰撞事故。④准备好口罩、风镜等防尘物品，以备急需。

切记：不要无动于衷，不做任何防范。

沙尘天气，行人"全副武装"躲避

外出时的避险要领：①外出前，戴好防护眼镜及口罩，或用纱巾罩在面部，并将衣领和袖口系好。②行走在马路上要注意观察交通情况。能见度低时，骑车者应下车推行。③远离危房、危墙、护栏、广告牌匾及高大树木。尽量避开各类施工工地。

切记：①避免发生因能见度低而引发的各类事故。②避免戴深色的墨镜。

在野外的避险要领：①尽快就近蹲在背风沙的矮墙处，或趴在相对高坡的背风处，用手抓住牢固的物体。②用衣服蒙住头部，平神屏气，减少肺部吸进沙尘，避免风沙侵入身体。③不要贸然行走，以免在沙幕墙中迷路。也不要在沟渠中行走，以免被吹落水中。

切记：不要在低洼处躲避，一场沙尘暴可以堆积起数尺沙尘。

4. 躲避风暴

所有风暴都会产生雷电，如果你听见打雷，那么风暴离你可

在众多的海洋灾害中，风暴潮灾害当属海洋灾害之首

能不远了。温带风暴潮主要发生在早春、晚秋及冬季；热带风暴潮主要发生在 7～12 月，尤以 8、9 月份为甚。

风暴来临前应加固门窗：①听到警报后，用木板从外面将窗户封住。屋门及车库应在上下两端处加固。②如需出外躲避，就从外面加固；若留在屋内，就在屋里加固。③门窗的玻璃用纸条

或胶带贴成米字，缝隙处也要完全封死。④在拉门或塑钢窗的滑道里放一个楔子，防止门在暴风雨中滑开。⑤锁上通向阁楼的门窗，并用东西堵住，阻止大风刮进。

切记：玻璃破碎时，犹如刀一样的锋利，应避免玻璃在风中破碎。

风暴来临时，应该如何避险呢？

①避免站在最高的物体附近或使自己成为最高的物体。②如果在户外，尽快转移到房子里或汽车里，并关好窗户。③不要骑自行车或摩托车，不要站在高大孤单的树下。④在空旷的地方不要卧倒，可就地蹲下，两脚并拢两手抱膝，胸口紧贴膝盖，尽量低下头以降低身体高度。⑤风暴潮来临时，沿海附近的人员应迅速撤离港口、海堤，向高处转移。⑥停止一切海上生产作业及活动。⑦风暴潮引发洪水时，应立即撤离。

切记：不要接触电线、金属、水等导电体。避免使用各种家用电器。

第四章

节气里的露与霜

　　早在春秋战国时代，我国古人就有了日南至、日北至的概念。随后人们根据月初、月中的日月运行位置和天气及动植物生长等自然现象，把一年平分为二十四等份。并且给每等份取了个专有名称，这就是二十四节气。这里，我们就来谈谈节气里的露与霜，即白露、寒露和霜降。

一、白露节气的由来

每年 9 月 8 日前后太阳到达黄经 165°时，交"白露"节气。
二十四节气的气候中，白露有着气温迅速下降、绵雨开始、日照
骤减的明显特点，深刻地反映出由夏到秋的季节转换。

白露节气

露是"白露"节气后特有的一种自然现象。此时的天气，正
如《礼记》中所云的："凉风至，白露降，寒蝉鸣。"据《月令
七十二候集解》对"白露"的诠释——"水土湿气凝而为露，
秋属金，金色白，白者露之色，而气始寒也"。古人在《孝纬

经》中也云："处暑后十五日为白露"，阴气渐重，露凝而白也。"其实，气象学表明：节气至此，由于天气逐渐转凉，白昼阳光尚热，然太阳一归山，气温便很快下降，至夜间空气中的水汽便遇冷凝结成细小的水滴，非常密集地附着在花草树木的绿色茎叶或花瓣上，呈白色，尤其是经早晨的太阳光照射，看上去更加晶莹剔透、洁白无瑕，煞是惹人喜爱，因而得"白露"美名。

俗话说："白露秋分夜，一夜冷一夜。"这时夏季风逐渐为冬季风所代替，多吹偏北风，冷空气南下逐渐频繁，加上太阳直射地面的位置南移，北半球日照时间变短，日照强度减弱，夜间常晴朗少云，地面辐射散热快，故温度下降速度也逐渐加快。

此时，我国北方地区降水明显减少，秋高气爽，比较干燥。长江中下游地区在此时期，第一场秋雨往往可以缓解前期的缺水情况，但是如果冷空气与台风相会，或冷暖空气势均力敌，双方较量进退维艰时，形成的暴雨或低温连阴雨对秋季作物生长不利。西南地区东部、华南和华西地区也往往出现连阴雨天气。东南沿海，特别是华南沿海还可能会有热带天气系统（台风）造成的大暴雨。

另外，此时部分地区还有可能出现秋旱、森林火险、初霜等天气。

如果长江中下游地区的伏旱、华西地区、华南地区的夏旱，得不到秋雨的滋润，都可能形成夏秋连旱。有谚语形容："春旱不算旱，秋旱减一半。春旱盖仓房，秋旱断种粮。"

北方部分地区，如西北的陕西、山西、甘肃、华北等地，秋季降水本来偏少，如果出现严重秋旱不仅影响秋季作物收成，还

118

延误秋播作物的播种和出苗生长，影响来年收成。

另外，伴随秋旱，特别是山地林区，空气干燥、风力加大，森林火险开始进入秋季高发期。

"八月雁门开，雁儿脚下带霜来"，农历8月，正是公历9月的"白露"节，这时节，对气候最为敏感的候鸟，如黄雀、椋鸟、柳莺、绣眼、沙锥、麦鸡，特别是大雁，便发出集体迁徙的信息，准备向南飞迁。起程佳期多在仲秋的月明风清之夜，好像给人传书送信——天气冷了，要收割的庄稼赶紧收吧，并备好寒衣，迎接"三秋"大忙季节的到来。

农业上，经过一个春夏的辛勤劳作之后，人们迎来了瓜果飘香、作物成熟的收获季节。辽阔的东北平原开始收获大豆、谷子、水稻和高粱，西北、华北地区的玉米、白薯等大秋作物正在成熟，棉花产区也进入了全面的分批采摘阶段。这时的田野，一眼望去，高粱如火，棉花似云，大豆咧开了嘴，荞麦笑弯了腰。农谚中："白露高粱秋分豆"、"白露前后看，莜麦、荞麦收一半"是真实的素描。从白露开始，西北、东北地区的冬小麦已开始播种，华北冬小麦的播种也即将开始。

白露农事

白露满地红黄白，棉花地里人如海，
杈子耳子继续去，上午修棉下午摘。
早秋作物普遍收，割运打轧莫懈怠。
底肥铺足快耕耙，秸秆还田土里埋。

高山河套瘠薄地，此刻即可种小麦。

白菜萝卜追和浇，冬瓜南瓜摘家来。

冬暖大棚忙修建，结构科学巧安排。

苹果梨子大批卸，出售车拉又船载。

红枣成熟适时收，深细加工再外卖。

秸秆青贮营养高，马牛猪羊"上等菜"。

畜禽防疫普打针，牲畜配种好怀胎。

饵足水优养好鱼，土壮藕蒲长得乖。

二、白露节气的各种习俗

　　白露是个典型的秋天节气，天气渐凉，空气中的水蒸气在夜晚常在草木等物体上凝成白色的露珠，谚语说"过了白露节，夜寒日里热"便是说白露时白天夜里的温差很大。古语说："白露节气勿露身，早晚要叮咛。"意在提醒人们此时白天虽然温和，但早晚已凉，打赤膊容易着凉。一般习俗认为白露节下雨，雨下在哪里，就苦在哪里。因此有句农谚如此说"白露前是雨，白露后是鬼"。在白露节气，各地有不少有趣的习俗。

福建：吃龙眼

　　福州有个传统叫作"白露必吃龙眼"的说法。民间的意思

福州：白露必吃龙眼

为，在白露这一天吃龙眼有大补身体的奇效，在这一天吃一颗龙眼相当于吃一只鸡那么补，听起来感觉太夸张了，哪有那么神奇，不过相信还是有一些道理的。因为龙眼本身就有益气补脾、养血安神、润肤美容等多种功效，还可以治疗贫血、失眠、神经衰弱等很多种疾病，而且白露之前的龙眼个个大颗，核小甜味口感好，所以白露吃龙眼是再好不过的了，不管是不是真正大补，吃了就是补，所以福州人也习惯了这一传统习俗。

浙江温州：十样白

浙江温州等地有过白露节的习俗。苍南、平阳等地民间，人们于此日采集"十样白"（也有"三样白"的说法），以煨乌骨白毛鸡（或鸭子），据说食后可滋补身体，去风气（关节炎）。这"十样白"乃是10种带"白"字的草药，如白木槿、白毛苦等等，以与"白露"字面上相应。

南京：白露茶

"蒹葭苍苍，白露为霜。"到了白露节气，秋意渐浓。旧时南京人十分重视节气的"来"和"去"，逐渐形成了具有南京地方特色的节气习俗。

爱喝茶的老南京都十分青睐"白露茶"，此时的茶树经过夏季的酷热，白露前后正是它生长的极好时期。白露茶既不像春茶那样鲜嫩，不经泡，也不像夏茶那样干涩味苦，而是有一种独特甘醇清香味，尤受老茶客喜爱。再者，家中存放的春茶已基本"消耗"得差不多了，此时白露茶正接上，所以到了白露前后，有的茶客就托人买点白露茶。

白露米酒

苏南籍和浙江籍的老南京中还有自酿白露米酒的习俗，旧时苏浙一带乡下人家每年白露一到，家家酿酒，用以待客，常有人把白露米酒带到城市。白露酒用糯米、高粱等五谷酿成，略带甜味，故称"白露米酒"。直到 20 世纪 30～40 年代，南京城里酒店里还有零卖的白露米酒，后来逐渐消失。

白露前后，南京早晚气温较低，昼夜温差很大。南京日常饮食也突出秋季养生，餐桌上生菜、凉拌菜少，汤煲多，注重滋润。平时多吃些鲜梨等汁多润肠水果，以防秋燥。

太湖：祭禹王

白露时节也是太湖人祭禹王的日子。禹王是传说中的治水英雄大禹，太湖畔的渔民称他为"水路菩萨"。每年正月初八、清明、七月初七和白露时节，这里将举行祭禹王的香会，其中又以清明、白露春秋两祭的规模为最大，历时一周。

在祭禹王的同时，还祭土地神、花神、蚕花姑娘、门神、宅神、姜太公等。活动期间，《打渔杀家》是必演的一台戏，它寄托了人们对美好生活的一种祈盼和向往。

露浓花瘦　薄汗轻衣透

年过大半，二十四节气就到寒露了。《月令七十二候集解》上说："（农历）九月节，露气寒冷将凝结矣。"此时太阳已移达黄经195°，即已直射南半球，因而我们这边就开始天变凉又变短了。

露乃地面上水汽达到饱和时凝结在草叶等物尖端的小水珠。

在温度低、湿度大，而又无云无风的夜晚，辐射冷却快而大时就会形成露。在黄河流域，立秋以后几乎天天会有露的发生。一年中早期的露发生时气温还不太低，所以是水色的，晶莹可爱。而后随着气温的下降，它的颜色会趋向白色，因而二十四节气中先有个"白露"(9月8日)，而后是秋分，再接下来就到"寒露"，这时候如有大陆冷气团南下，就会有刺骨的"寒露风"，厉害时会伤及江南的二期晚稻。反之，如果遇上"秋老虎"，也就是遇上出海高压回流的东南风，则会发生带雾又有露且有几分燥闷的天气。李清照在《点绛唇》中曰："露浓花瘦，薄汗轻衣透。"虽别有所指，但就气象而言，正是上述自然景观的最佳写照。

124

三、白露时节话养生

白露是典型的秋天节气，天气渐凉，空气中的水蒸气在夜晚常在草木等物体上凝成白色的露珠，谚语说"过了白露节，夜寒日里热。"是说白露时白天夜里的温差很大。古语说："白露节气勿露身，早晚要叮咛。"意在提醒人们此时白天虽然温和，但早晚已凉，打赤膊容易着凉。

白露节气已是真正的凉爽季节的开始，很多人在调养身体时一味地强调海鲜肉类等营养品的进补，而忽略了季节性的易发病，给自己和家人造成了机体的损伤，影响了学习和工作。

白露时节要防止鼻腔疾病、哮喘病和支气管病的发生。特别是因体质过敏而引发上述疾病的患者，在饮食调节上更要慎重，平时要少吃或不吃鱼虾海腥、生冷炙烩腌菜和辛辣酸咸甘肥的食物，如带鱼、螃蟹、虾类、韭菜花、黄花、胡椒等，宜以清淡、易消化且富含维生素的食物为主。

现代医学研究表明，高钠盐饮食能增加支气管的反应性；在很多地区内，哮喘的发病率是与食盐的销售量而成正比，这说明哮喘病人不宜吃得过咸。在食物的属性中，不同的饮食有其不同的"性"、"味"、"归经"、"升降沉浮"及"补泻"作用。不同的属性，其作用不同，适应的人群也不同，因此，每个人都要随着节气的变化而随时调节饮食结构。

白露节气宜饮食清淡

在白露一节气中，还要预防秋燥。燥邪伤人，容易耗人津液，而出现口干、唇干、鼻干、咽干及大便干结、皮肤干裂等症状。预防秋燥的方法很多，可适当地多服一些富含维生素的食品，也可选用一些宣肺化痰、滋阴益气的中药，如人参、沙参等，对缓解秋燥有良效。

在秋季养生中特别是节气的变更时，我们不但要体现饮食的全面调理和有针对性地加强某些营养食物用来预防疾病，还应发挥某些食物的特异性作用，使之直接用于某些疾病的预防。如用葱白、生姜、豆蔻、香菜可预防治疗感冒；用甜菜汁、樱桃汁可预防麻疹；白萝卜、鲜橄榄煎汁可预防白喉；荔枝可预防口腔炎、胃炎引起的口臭症；红萝卜煮粥可预防头晕等。

四、寒露节气的由来

每年的10月8日前后（10月8~9日），太阳移至黄经195°时为二十四节气的寒露。"寒露"的意思是，此时期的气温比"白露"时更低，地面的露水更冷，快要凝结成霜了。《月令七十二候集解》："九月节，露气寒冷，将凝结也。"如果说"白露"节气标志着炎热向凉爽的过渡，暑气尚不曾完全消尽，早晨可见露珠晶莹闪光。那么"寒露"节气则是天气转凉的象征，标志着天气由凉爽向寒冷过渡，露珠寒光四射，如俗语所说的那样，"寒露寒露，遍地冷露"。

我国古代将寒露分为三候："一候鸿雁来宾；二候雀人大水为蛤；三候菊有黄华。"此节气中鸿雁排成一字或人字形的队列

寒露时节菊花已普遍开放

大举南迁；深秋天寒，雀鸟都不见了，古人看到海边突然出现很多蛤蜊，并且贝壳的条纹及颜色与雀鸟很相似，所以便以为是雀鸟变成的；第三候的"菊始黄华"是说在此时菊花已普遍开放。

从气候学上可知，寒露以后，北方冷空气已有一定势力，我国大部分地区在冷高压控制之下，雨季结束。天气常是昼暖夜凉，晴空万里，一派深秋景象。在正常年份，此时10℃的等温线，已南移到秦岭淮河一线，长城以北则普遍降到0℃以下，首都北京大部分年份，此时可见初霜。除全年飞雪的青藏高原外，东北和新疆北部地区一般已经开始飘雪了。我国大陆上绝大部分地区雷暴已消失，只有云南、四川和贵州局部地区尚可听到雷声。

华北10月份降水量一般只有9月降水量的一半或更少，西北地区则只有几毫米到20多毫米。干旱少雨往往给冬小麦的适时播种带来困难，成为旱地小麦争取高产的主要限制因子之一。海南和西南地区这时一般仍然是秋雨连绵，少数年份江淮和江南也会出现阴雨天气，对秋收秋种有一定的影响。

常年寒露期间，华南雨量亦日趋减少。华南西部多在20毫米上下，东部一般为30~40毫米。绵雨甚频，溟溟霏霏，影响"三秋"生产，成为我国南方大部分地区的一种灾害性天气。

伴随着绵雨的气候特征是：湿度大，云量多，日照少，阴天多，雾日亦自此显著增加。但是，秋绵雨严重与否，直接影响"三秋"的进度与质量。为此，一方面，要利用天气预报，抢晴天收获和播种；另一方面，也要因地制宜，采取各种有效的耕作措施，减轻湿害，提高播种质量。在高原地区，寒露前后是雪害最严重的季节之一，积雪阻塞交通，危害畜牧业生产，应该注意预防。

"寒露不摘棉，霜打莫怨天"。趁天晴要抓紧采收棉花，遇降温早的年份，还可以趁气温不算太低时把棉花收回来。江淮及江南的单季晚稻即将成熟，双季晚稻正在灌浆，要注意间歇灌溉，保持田间湿润。华北地区要抓紧播种小麦，这时，若遇干旱少雨的天气应设法造墒抢墒播种，保证在霜降前后播完，切不可被动等雨导致早茬种晚麦。

寒露期间的天气特点

寒露期间天气气候有以下几个特点：

气温降得快

气温降得快是寒露节气的一个特点。一场较强的冷空气带来的秋风、秋雨过后，温度下降8~10℃已较常见。不过，风雨天气大多维持时间不长（华西地区除外），受冷高压的控制，昼暖夜凉，白天往往秋高气爽。

平均气温分布差异大

10月份，我国平均气温分布的地域差别明显。在华南，平均温度大多数地区在22℃以上，海南更高，在25℃以上，还没有走出夏季；江淮、江南各地一般在15℃～20℃，东北南部、华北、黄淮在8～16℃，而此时西北的部分地区、东北中北部的平均温度已经到了8℃以下。青海省部分高原地区平均温度甚至在0℃以下了。

在广东一带流传着这样的谚语："寒露过三朝，过水要寻桥"，指的就是天气变凉了，可不能像以前那样赤脚趟水过河或下田了。可见，寒露期间，人们可以明显感觉到季节的变化。更多的地区，更多的人们，开始用"寒"字来表达自己对天气的感受了。

五、寒露节气的各种习俗

登高习俗

白露后，天气转凉，开始出现露水，到了寒露，则露水增多，且气温更低。此时我国有些地区会出现霜冻，北方已呈深秋景象，白云红叶，偶见早霜，南方也秋意渐浓，蝉噤荷残。关中人登高习俗更盛，华山、秦岭、翠华山、终南山等都是登高的好地方，重九登高节，更会吸引众多的游人。

寒露节气

农事习俗

寒露时天气对秋收十分有利，农谚有：黄烟花生也该收，起捕成鱼采藕芡。大豆收割寒露天，石榴山楂摘下来。寒露蜜桃属北方晚熟桃品种，成熟期在寒露前后，故名"寒露蜜桃"。

饮食习俗

寒露时节，应多食用芝麻、糯米、粳米、蜂蜜、乳制品等柔润食物，同时增加鸡、鸭、牛肉、猪肝、鱼、虾、大枣、山药等以增加体质；少食辛辣之品，如辣椒、生姜、葱、蒜类，因过食辛辣宜伤人体阴精。有条件可以煮一点百枣莲子银杏粥经常喝，经常吃些山药和马蹄也是不错的养生办法。

柿子等水果适宜寒露时节食用

寒露饮食养生应在平衡饮食五味基础上，根据个人的具体情况，适当多食甘、淡滋润的食品，既可补脾胃，又能养肺润肠，可防治咽干口燥等症。水果有梨、柿、荸荠、香蕉等；蔬菜有胡萝卜、冬瓜、藕、银耳等及豆类、菌类、海带、紫菜等。早餐应吃温食，最好喝热药粥，因为粳米、糯米均有极好的健脾胃、补中气的作用，像甘蔗粥、玉竹粥、沙参粥、生地粥、黄精粥等。中老年人和慢性患者应多吃些红枣、莲子、山药、鸭、鱼、肉等食品。

自古秋为金秋，肺在五行中属金，故肺气与金秋之气相应，"金秋之时，燥气当令"，此时燥邪之气易侵犯人体而耗伤肺之阴精，如果调养不当，人体会出现咽干、鼻燥、皮肤干燥等一系列的秋燥症状。所以暮秋时节的饮食调养应以滋阴润燥（肺）为宜。古人云："秋之燥，宜食麻以润燥。"

寒露农事

寒露时节天渐寒，农夫天天不停闲。

小麦播种尚红火，晚稻收割抢时间。

留种地瓜怕冻害，大豆收割寒露天。

黄烟花生也该收，晴朗天气忙摘棉。

贪青晚熟棉花地，药剂催熟莫怠慢。

大棚黄瓜搞嫁接，保温保湿是关键。

紫红山楂摘下来，鲜红石榴酸又甜。

果品卸完就管树，施肥喷药把地翻。

采集树种好时机，乡土种源是重点。

畜禽喂养讲技术，怀孕母畜细心管。

越冬鱼种须育肥，起捕成鱼采藕芡。

六、寒露时节话养生

史书记载"斗指寒甲为寒露，斯时露寒而冷，将欲凝结，故名寒露。"、"露气寒冷，将凝结也。"由于寒露的到来，气候由热转寒，万物随寒气增长，逐渐萧落，这是热与冷交替的季节。在自然界中，阴阳之气开始转变，阳气渐退，阴气渐生，我们人体的生理活动也要适应自然界的变化，以确保体内的生理（阴阳）平衡。

　　"寒露"时节起，雨水渐少，天气干燥，昼热夜凉。从中医角度上说，这节气在南方气候最大的特点是"燥"邪当令，而燥邪最容易伤肺伤胃。此时期人们的汗液蒸发较快，因而常出现皮肤干燥、皱纹增多、口干咽燥、干咳少痰，甚至会毛发脱落和大便秘结等。所以养生的重点是养阴防燥、润肺益胃。

　　在饮食上还应少吃辛辣刺激、香燥、熏烤等类食品，宜多吃些芝麻、核桃、银耳、萝卜、番茄、莲藕、牛奶、百合、沙参等有滋阴润燥、益胃生津作用的食品，同时增加鸡、鸭、牛肉、猪肝、鱼、虾、大枣、山药等以增加体质；少食辛辣之品，如辣椒、生姜、葱、蒜类，因过食辛辣宜伤人体阴精。

寒露时节要多吃雪梨、香蕉等水果

　　室内要保持一定的温度和湿度，空调温度不易过高，应在

20℃左右为宜，煤火要注意通风，谨防一氧化碳中毒。注意补充水分，多吃雪梨、香蕉、哈密瓜、苹果、水柿、提子等水果。

预防皮肤干燥，防止干裂，可用增湿器增加室内水汽或用盛水器皿盛水自然蒸发水汽。还可涂擦护肤霜等保护皮肤。

"一场秋雨一场凉"，我们要随着天气转凉逐渐增添衣服，但添衣不要太多、太快。俗话说"春捂秋冻"，秋天适度经受些寒冷有利于提高皮肤和鼻黏膜耐寒力。另外，秋季是腹泻多发季节，应特别注意腹部保暖。

除此之外，秋季凉爽之时，人们的起居时间也应作相应的调整。秋季宜早睡早起，保证睡眠充足，注意劳逸结合。初秋白天气温高电扇不宜久吹；深秋寒气袭人，既要防止受寒感冒，又要经常打开门窗，保持室内空气新鲜。如条件许可，可在居室及其周围种植绿叶花卉，既能让环境充满生机又能净化空气促进身体健康。

秋天虽没有春天那样春光明媚，生机勃勃，但秋高气爽、遍地金黄却是另外一番动人景象。可到公园湖滨郊野进行适当的体育锻炼，也可组织秋游活动，既可调节精神又可强身健体。

精神调养也不容忽视，由于气候渐冷，日照减少，风起叶落，时常在一些人心中引起凄凉之感，出现情绪不稳，易于伤感的忧郁心情。因此，保持良好的心态，因势利导，宣泄积郁之情，培养乐观豁达之心是养生保健不可缺少的内容之一。

七、霜降节气的由来

　　每年阳历 10 月 23 日前后，太阳到达黄经 210°时为二十四节气中的霜降。霜降是秋季的最后一个节气，是秋季到冬季的过渡节气。秋晚地面上散热很多，温度骤然下降到 0℃ 以下，空气中的水蒸气在地面或植物上直接凝结形成细微的冰针，有的成为六角形的霜花，色白且结构疏松。

霜降时节

　　《月令七十二候集解》关于霜降说：九月中，气肃而凝，露结为霜矣。此时，中国黄河流域已出现白霜，千里沃野上，一片银色冰晶熠熠闪光，此时树叶枯黄，在落叶了。古籍《二十四节气解》中说："气肃而霜降，阴始凝也"。可见"霜降"表示天气逐渐变冷，露水凝结成霜。

我国古代将霜降分为三候："一候豺乃祭兽；二候草木黄落；三候蜇虫咸俯。"豺狼开始捕获猎物，祭兽，以兽而祭天报本也，方铺而祭秋金之义；大地上的树叶枯黄掉落；蜇虫也全在洞中不动不食，垂下头来进入冬眠状态中。

气象学上，一般把秋季出现的第一次霜叫做"早霜"或"初霜"，而把春季出现的最后一次霜称为"晚霜"或"终霜"。从初霜到终霜的间隔时期，就是无霜期。也有把早霜叫"菊花霜"的，因为此时菊花盛开，北宋大文学家苏轼有诗曰："千树扫作一番黄，只有芙蓉独自芳"。初霜愈早对作物危害愈大。我国各地的初霜是自北向南、自高山向平原逐渐推迟的。除全年有霜的地区外，最早见霜的是大兴安岭北部，一般 8 月底便可见霜；东北大部、内蒙和北疆初霜多在 9 月份；10 月初寒霜已出现在沈阳、承德、榆林、昌都至拉萨一线；11 月初山东半岛、郑州、西安到滇西北已可见霜；我国东部北纬 30°左右、汉水、云南省北纬 2°左右的地区要到 12 月初才开始见霜；而厦门、广州到百色、思茅一带见霜时已是新年过后的 1 月上旬了。

"霜降始霜"反映的是黄河流域的气候特征。就全年霜日而言，青藏高原上的一些地方即使在夏季也有霜雪，年霜日都在 200 天以上，是我国霜日最多的地方。西藏东部、青海南部、祁连山区、川西高原、滇西北、天山、阿尔泰山区、北疆西部山区、东北及内蒙东部等地年霜日都超过 100 天，淮河、汉水以南、青藏高原东坡以东的广大地区均在 50 天以下，北纬 25°以南和四川盆地只有 10 天左右，福州以南及两广沿海平均年霜日不到 1 天，而西双版纳、海南和台湾南部及南海诸岛则是没有霜降的地方。

霜降时节，北方大部分地区已在秋收扫尾，即使耐寒的葱，也不能再长了，因为"霜降不起葱，越长越要空"。东北北部、内蒙东部和西北大部平均气温已在0℃以下，土壤冻结，冬作物停止生长，进入越冬期。华北大豆收获，尚未下地的晚麦宜选用春性品种赶快抢种，已出苗的要查苗补种。在南方，却是"三秋"大忙季节，单季杂交稻、晚稻才在收割，种早茬麦，栽早茬油菜；摘棉花，拔除棉秸，耕翻整地。"满地秸秆拔个尽，来年少生虫和病"。收获以后的庄稼地，都要及时把秸秆、根茬收回来，因为那里潜藏着许多越冬虫卵和病菌。华北地区大白菜即将收获，要加强后期管理。霜降时节，我国大部分地区进入了干季，要高度重视护林防火工作。

霜降又是黄淮流域羊配种的好时候，农谚有"霜降配种清明乳，赶生下时草上来"。母羊一般是秋冬发情，接受公羊交配的持续时间一般为30小时左右，和南方白露配种一样，羊羔落生时天气暖和，青草鲜嫩，母羊营养好，乳水足，能乳好羊羔。

到了10月下旬，我国北方冷空气活动频繁，随着大风天气的不断光临，温度迅速下降，大家要注意保暖，防止感冒。

霜降农事

霜降前后始降霜，有的地方播麦忙。

早播小麦快查补，保证苗全齐又壮。

糯稻此节正收割，地瓜切晒和鲜藏。

棉花摘收要仔细，棵上地下都拾光。

复收晚秋遍地搞，柴草归垛粮归仓。

大棚瓜菜看管好，追肥浇水把虫防，

大葱萝卜陆续收，白菜抓紧来拢帮。

敞棚漏圈快修补，免得牲畜体着凉，

拴牢牲畜圈好猪，麦苗被啃受影响。

捕捞成鱼上市卖，藕苇蒲芡采收忙。

城乡害鼠一起灭，既防疫病又保粮。

八、霜降与霜冻

　　从表面的意思看，霜降是渐冷、开始降霜。确切地说，霜并非从天而降，而是近地面空中的水汽在地面或地物上直接凝华而成的白色疏松的冰晶。随着霜降的到来，不耐寒的作物已经收获或者即将停止生长，草木开始落黄，呈现出一派深秋景象。

　　霜冻是指在生长季节里，夜晚土壤表面温度或植物冠层附近的气温短时间内下降到0℃以下，植物表面的温度迅速下降，植物体内水分发生冻结，代谢过程遭受破坏，细胞被冰块挤压而造成危害。发生霜冻时，植物是因为低温受到危害，不是单单因为霜对植物造成危害。如果空气相对湿度低，就不一定能见到"白霜"，霜冻同样会发生，通常人们也把见不到"白霜"的霜冻称为"黑霜"。

霜冻后的马铃薯植株

可见，"霜降"和"霜冻"是两个不同的概念，霜降仅仅是一个节气；而霜冻是与植物受害联系在一起，没有植物的地方，就没有霜冻发生。

根据霜冻发生的季节，可分为早霜冻和晚霜冻两种。

早霜冻又称秋霜冻，指秋收作物尚未成熟，露地蔬菜还未收获时发生的霜冻。随着季节推移，秋霜冻发生的频率逐渐提高，强度也加大。

晚霜冻又称春霜冻，也就是春播作物苗期、果树花期、越冬作物返青后发生的霜冻。随着温度的升高，晚霜冻发生的频率逐渐降低，强度也减弱，但是发生得越晚，对作物的危害也就越大。

各地霜冻开始和终止时间，因地形、海拔高度和所处纬度的不同而不尽一致。一般情况，早霜冻（即秋霜冻）开始出现时间，海拔高度越高越早，纬度越高越早，低洼（谷地）地早，反之则晚；晚霜冻（即春霜冻）终止时间，海拔高度越低越早，纬度越低越早，坡地比低洼地早，反之则晚。

霜冻的形成有三：

（1）平流霜冻。由于较强的冷空气入侵而降温至0℃或0℃以下，导致霜冻形成，这种霜冻侵袭范围广，降温幅度大。

（2）辐射霜冻。晴朗无风或有微风的夜间，辐射冷却使地面或近地物体的温度降到0℃或0℃以下，导致霜冻形成。这种霜冻发生的范围相对小些。

（3）平流辐射霜冻。冷平流和辐射冷却共同作用而发生的霜冻。这种霜冻影响比较严重。

另外，还有一种局部地区产生的洼地（谷地）霜。夜间，近地层空气冷却，坡地的冷空气下滑堆积于洼地或谷地而形成霜，多于秋季出现。这与"霜打洼地"的青海农谚相一致。

140

霜冻下的作物

对于霜冻的防御措施，主要有以下3个方面：

1. 根据作物种类选择适宜的种植地点和播期，以避开霜冻害。如不抗霜冻的多年生作物，就要种在不出现霜冻或危险性最小的地区。即充分利用地区农业地形气候的有利条件，合理配置作物和品种。对于一年生春播作物来说，无霜冻期长的地区可以选用晚熟品种，无霜冻期短的地区就应该选用早熟品种，并掌握适宜的播种期，使作物在终霜冻后出苗，初霜冻前成熟，做到既能躲过终霜冻，又能避开初霜冻。

2. 灵活应用栽培措施，预防霜冻。如果预计作物在初霜冻来临前难以成熟，就要减少追肥的数量，防止贪青晚熟，或喷洒乙烯等促熟化学药物，也可以通过打老叶、切断部分侧根的办法，促进成熟。此外，如精耕细作、改良土壤、提高地力、合理施肥等也是防御霜冻的有效措施。

3. 霜冻来临前，采用灌水、喷水、吹风、熏烟、覆盖、加热等措施防霜：

灌水防霜，即在霜冻发生前进行灌溉，以减慢降温速度，可推迟或阻止霜冻发生。

喷水防霜，当作物体温降到接近受害温度时开始喷洒细小水滴，水冻结成冰时可释放大量潜热，使植株体温不至于降到受害的程度。

吹风防霜，即在晴朗静风的夜间，近地气层从地面向上温度逐渐升高，用电扇或鼓风机把上层暖空气吹到作物层，可提高温度，防止霜冻。

熏烟防霜，霜冻即将出现时点燃发烟物，使烟堆放热，烟雾

141

成幕，有减慢降温的作用。

覆盖防霜，如预报当夜有霜冻时，可用土壤、草、瓦盆、塑料布等覆盖作物小苗。

加热防霜，燃烧重油等以提高温度，防止霜冻。

此外，采取一些根本性措施如兴修水利、种植防护林带、进行农田基本建设等能改善农田小气候，因而具有一定的防御霜冻的作用。

无霜期

人们把入春后最后出现的一次霜，叫做"终霜"，入秋后出现的第一次霜，叫做"初霜"。所谓"无霜期"，就是指"终霜"之后，"初霜"之间，这一段没有霜出现的时期。

一年中无霜期越长，对作物生长越有利。由于每年的气候情况不全相同，出现初霜和终霜的日期也就有早有晚，每年的无霜期也就不一致。

我国幅员广大，各地全年"无霜期"的长短，差异很大。据统计，我国东北地区平均初霜见于9月中旬，终霜见于4月下旬，无霜期不到150天；华北地区初霜见于10月中旬，终霜见于4月上旬，共约200天；长江流域从4月~11月，共约250天；华南地区无霜期300天以上，有的年份全年无霜。

霜出现时，往往会给一些耐寒性较差的农作物带来一定影响，如棉花结桃时遇到秋霜害，会影响它继续生长。所以一个地区"无霜期"的长短，常常把它称为作物生长期的气候条件。但是"无霜期"的长短不是决定的因素，决定的因素是人。在生产实践中，劳动人民根据当地出现霜的规律性，及时采取有效的各种防霜措施，如培育抗寒品种、杂交育种缩短生长期，以及浸种催芽、适时早播等等，或者用熏烟法、大田灌水或是设置防风林、防风墙和风障来阻挡寒风，改变农田水气候的条件，使早春作物和晚秋作物不受到霜害。这样，在农业生产上实利用的"无霜期"，就要比气候上的"无霜期"长得多了。

九、霜降时节话养生

霜降时节，各地都有一些不同的风俗，就像大家都熟知的清明节扫墓、重阳登高、端午节吃粽子、中秋赏月等等都是长久以来传承下来的节气民俗。关于霜降，百姓们自然也有自己的民趣民乐。

霜降节气时的食补很有特色，谚语云"补冬不如补霜降"。据史料记载：明代皇帝就有重阳节到兔儿山（北京中南海西南）登高赏秋、吃迎霜兔肉、饮菊花酿酒的习俗。所谓"迎霜兔肉"就是经霜的（即霜降）兔子肉，据说此时的兔肉味道鲜美，营养价值高。

在我国的一些地方，霜降时节要吃红柿子。柿子具有清热、润肺、祛痰、镇咳的功效。鲜吃可治甲状腺病，干制的柿饼、柿霜则可配置药膳，辅疗咳嗽。可见，柿子是非常不错的霜降食品。泉州老人对于霜降吃柿子的说法是：霜降吃丁柿，不会流鼻涕。有些地方对于这个习俗的解释是：霜降这天要吃柿子，不然整个冬天嘴唇都会裂开。住在农村的人们到了这个时候，则会爬上一棵棵高大的柿子树，摘几个光鲜香甜的柿子吃。片片黄叶如花似梦，与红红的柿子交相辉映，好一幅深秋的田园风景图！不知给人们带去多少淳朴和美好情愫的回忆。

闽台民俗：霜降吃柿子

闽南台湾的民间在霜降的这一天，要进食补品，也就是我们北方常说的"贴秋膘"。在闽南有一句谚语，叫做"一年补通通，不如补霜降"。从这句小小的谚语就充分地表达出闽台民间对霜降这一节气的重视。因此，每到霜降时节，闽台地区的鸭子就会卖的非常火爆，有时还会出现脱销、供不应求的情况。

除了上面我们说到的鸭子、柿子，另有些地方到了这天一定要吃些牛肉。山东农谚更有意思：处暑高粱，白露谷，霜降到了拔萝卜。

霜降时台湾南部的二期水稻已经成熟准备收割，也是台南麻豆镇白柚的收获期，白柚具有降低血压和退热的疗效。南部的高雄和屏东东港有硼串和目贼等鱼类，北部的淡水出海口有龙虾。

需要提醒大家的是，霜降时节，是呼吸道疾病的高发期，应多吃生津润燥、润肺止咳的食物，如梨、苹果、橄榄、白果、洋葱、芥菜、萝卜等，也可搓揉迎香穴（鼻翼两侧），练练呬（"嘶"音）字功等。

天气逐渐变冷，使得慢性胃病、"老寒腿"等疾病发病率随之增加。尤其是有消化道溃疡病史的人，要特别注意自我保养，避免服用对胃肠黏膜刺激性大的食物和药物。

二十四节气七言诗

地球绕着太阳转，绕完一圈是一年。

一年分成十二月，二十四节紧相连。

按照公历来推算，每月两气不改变。

上半年是六、廿一，下半年逢八、廿三。

这些就是交节日，有差不过一两天。

二十四节有先后，下列口诀记心间：

一月小寒接大寒，二月立春雨水连；

惊蛰春分在三月，清明谷雨四月天；

五月立夏和小满，六月芒种夏至连；

七月小暑和大暑，立秋处暑八月间；

九月白露接秋分，寒露霜降十月全；

立冬小雪十一月，大雪冬至迎新年。

抓紧季节忙生产，种收及时保丰年。

第五章

谚语与风霜露

天气谚语是以成语或歌谣形式在民间流传的有关天气变化的经验。天气谚语历史悠久、内容丰富，是劳动人民在长期的生产生活实践中，不断积累下来的认识自然的经验，这些经验经过千百年的实践考验和锤炼，逐渐概括成简明、易懂、易记的谚语，在劳动人民中广泛流传。而有关风霜露的谚语也有不少。

一、有关风的地理谚语

"东风急溜溜，难过五更头"
"白天东风急，夜晚湿布衣"

在春季，从我国西部有低气压或低压槽向东移动时，长江下游地区随着低压的移近，偏东风就不断加强。而在低压的前部，常常多阴雨天气。所以"东风急溜溜"或"白天东风急"，同时云层加厚、变低，是低气压临近，天气转阴雨的征兆。另外，"东风刮得紧，雨儿下得稳"、"东风急，雨打壁"等谚语，意思也是一样的。

"一年三季东风雨，独有夏季东风晴"
"夏东风，昼夜晴"

从这两句谚语中，可见根据东风预报天气，必须区分季节。在春、秋、冬三季，长江下游地区吹东风，大多是上面所讲的那种天气形势。但在夏季，除了台风影响以外，一般是在副热带高压控制下，才经常吹东到东南风。副热带高气压本有下沉运动，而且这时冷空气只在北方活动，也不易南下与之交锋形成阴雨。

148

另外，东风是从海上吹来的，气温较低，对沿海地区形成局部雷雨也不利，所以夏季的东风大多为晴热天气。

"小暑里起燥风，日日夜夜好天空"
"小暑南风十八朝，晒得南山竹也叫"

小暑这个节气，在每年7月7日（8日）～22（23）日。燥风是指副热带高压控制下的东南风。如果这时起了燥风，风速较大，表示本地梅雨结束，进入盛夏，受到副热带高压控制，将有一段比较长时间的晴热天气。夏季东南风虽不易下雨，但如在东南风前进的方向上有山脉，就会造成东南风的爬升运动，也可能形成云和雨。

149

"八月南风二日半，九月南风当日转"
"十月南风是灵药，早晨起风晚上落"

这里所说的月份，都是指农历。农历8月副热带高压已开始变弱，但仍有一定的势力。而北方冷空气已能侵入江南地区，每次冷空气南下与暖空气相遇时，常形成阴雨天气。所以这时副热带高压控制下的晴朗天气，已不能长期维持，一般只能维持二三天，就要转阴雨。所以说"八月南风二日半。"到了农历九十月份，副热带高压进一步减弱南退，冷空气势力加强，南下的次数频繁，转了南风后，往往是当天或第二天就转为阴雨天气。所以说"九月南风当日转。"、"十月南风是灵药。"这两条谚语，能反映季节变化和天气的关系，但每年季节变化有早晚，使用时要灵活些。

"西风刹雨脚，泥头晒不白"

这一谚语反映了：入春以后，特别是到了晚春时期，北方冷空气势力逐渐减弱，处于劣势，而南方暖空气势力逐渐加强，处于优势。当一次下雨过程停止时，吹的是西北风，这表示由于冷空气的作用，使天气转晴。但这时的冷空气已经力弱势衰了，虽然它竭力把暖空气推走，使天气转晴了；但好景不长，暖空气马上又推了回来，和新的冷空气相遇，又形成阴雨天气。所以说"西风刹雨脚，泥头晒不白"，表示天晴的时间很短，连泥地的表面也来不及晒干。

"西北风，开天锁"

这条谚语用在冬季或早春时期，冷空气势力较强，当本地区转为西北风时，表示本地已为冷空气控制，暖空气已经南退，天气将转晴朗。所以把西北风看作可以像打开"天锁"一样地把阴沉的天空打开。在冬春季的阴雨天气中，当风向转为西北风时，就可预报天气将要转晴。

"南风吹到底，北风来还礼"

冬季或初春，如果连续吹南风，天气回暖，也出现晴朗天气。但这个时期冷空气势力强盛，只是暂时退却，新的冷空气很快会南下，同南风相遇形成锋面，天气转为阴雨。所以冬季和初春连吹南风，北风必然来"还礼"。

二、西北台　不可怠

在近代史中，刘铭传对台湾的贡献极大，他在巡抚任内辟建了基隆与新竹间的铁路，以及横跨淡江河，长500多米的木造台北桥，这些都是当时伟大的工程。可惜该桥于光绪二十三（公元1897）年8月9日为西北台带来的洪水冲毁流失，否则它如今（2010年）已112岁了。

1919年，日本人重修该桥，但次年9月4日竣工不到半年的新桥又为同类台风所毁，真是祸不单行，好在后来认识到西北台风雨的厉害而修建了一座钢筋混凝土为基的双线吊桥，否则可能是人天相争难止的局面。不过，到了公元1932年8月24日西北台又找到了另一显威的方式，那就是吹翻了台北开往淡水的195次列车，造成14名乘客当场溺毙的惨剧。据台湾民航气象先进周明德说，车是在关渡与竹围间翻的，也就是列车正当由淡水河口吹进来的强烈西北风之迎风面（即有强侧风）时被吹翻。当年曾建碑纪念，不知拆除淡水线铁路改建捷运时可曾保留下来？还是一份历史的见证又在有意无意中丢弃了？

西北台带给台北的另一次严重灾害发生于 1963 年 9 月 11 日夜间，台北桥水位曾升达 6.7 米，是"葛乐礼"台风所造成。当时中山、士林、松山等区可说一片汪洋，造成 363 人死亡，14000 栋房屋流失或倒毁，灾情之大可见一斑。

西北台常见于九十月间，当台湾东方之副热带高压（又称太平洋高压）中心偏西，且脊线呈东南西北走向，即经由日本与琉球间伸展至东海南部，而大陆冷高压脊则由蒙古向东南伸展到达黄海西部之时。在上述环境下，位在台湾东方近海的台风会受到两者的牵引而行进缓慢（约每小时 10 千米，正常者约为 15 千米），甚或在彭佳屿附近徘徊不前，致下雨大而久，加上西北风由淡水河口吹来，引起海水倒灌，淹水难免，不可不严加防范。

根据中央气象局数据显示，1958～2006 年共有 165 个台风侵袭台湾陆地，平均每年有 3～4 个，最早出现在 5 月，最晚则发生在 12 月。其中，以 8 月份台风侵台的次数最多，7 月份与 9 月份次之，因此每年的 7 月～9 月可称为台湾地区的台风季。

就路径来看，侵台台风中约有 83% 自东向西走，会在东部登陆或中心由南北两头的近海通过，其中又有 38% 会经过北端陆地或彭佳屿附近海面；这些台风于中心到达相关区域时，西北部就会受到由海上吹来之强劲西北风，这不但会造成迎风面之陆地及山区暴雨，且有沿河谷之海水倒灌发生，因而常会形成大灾害。对台北盆地而言，由于开口正对着西北方，此类台风带来的灾害就更大了，因而有人称此种台风为西北台，是台北盆地的煞星。

1958～2006 年侵台台风个数统计表

月份	5 月	6 月	7 月	8 月	9 月	10 月	11 月	12 月	全年
总个数	6	14	40	47	38	16	3	1	165
百分比	3.6%	8.5%	24.3%	28.5%	23.0%	9.7%	1.8%	0.6%	100%

侵台台风 9 大路径可为分类：（无法分类者归为其他类型）

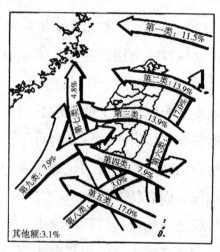

1958～2006 年侵台台风路径

第一类：通过台湾北部海面向西或西北进行者；

第二类：通过台湾北部向西或西北进行者；

第三类：通过台湾中部向西或西北进行者；

第四类：通过台湾南部向西或西北进行者；

第五类：通过台湾南方海面向西或西北进行者；

第六类：沿东岸或东部海面北上者；

第七类：沿西岸或台湾海峡北上者；

第八类：通过台湾南方海面向东或东北进行者；

第九类：通过台湾南部向东或东北进行者。

三、六月十五一雷破九台
七月十五一雷九台来

到了台风季节就会有台风草，1996年6月上旬台湾曾有一家报纸上登了一张它只有一个摺的照片，因而报道的标题写的是"台风草泄天机，1996年只有一个台风会来"。

实际上，为了验证台风草叶上的摺纹数与侵台台风个数之间的关系，台湾气象部分一位官员，曾亲自种了一些台风草，结果是叶上的摺与侵台台风数目并没有固定的关系，因而在防台工作上实在不能因为一枝草而有所疏忽。

与此类似的状况是一句流传广泛的谚语，"一雷破九台"。每到台风季，这句话就会甚嚣尘上。可是就大气科学的理论以及实际观测所见而言，台风中是有雷雨的，尤其是在它的云墙中，常是大雨倾盆、雷电交加。说雷可破台实不可信。

但是，雷雨与台风并非没有关联，只是比较复杂。首先，夏季的午后雷阵雨，是地面加热配上大气不稳定而形成的，它有降温作用，因而每天的下雨时间都会由中午向后延，延到近黄昏时第二天就会停下来，而后过上个两三天又开始另一个循环。这也就是说，如无其他因素影响，夏季午后雷阵雨颇有规律，但此时如果有台风接近我们，由于它的外围空气是下沉的，稳定度大，

暴风雨即将来临

所以伴有晴而高温的天气，循环有序的午后雷阵雨会被打乱，而出现间断期。就此过程而言，台风自远洋逐渐移近时，午后雷阵雨确实会停下来。此时，如果台风转向而去，其下沉区亦会跟着离开，则雷雨又会开始。给人的印象是雷把台风破了，实际上则是因为台风远离，所以雷雨再起，据此"一雷破九台"有倒果为因之嫌。反之，如果台风不转向，即台风中心逐渐接近，最后到达台湾，待台风侵袭期间有时仍会有雷雨，像 2005 年 10 月 1 日晚上 10~11 间，即当龙王台风中心在花莲丰宾登陆前约 6 小时，台北地区就有雷暴，但因大家着眼于防台，已无视于雷雨，因而长期的印象是午后雷雨停后数天才来台风，而不大记得台风中的雷雨，"一雷破九台"的说法就流传下来了。

　　实际上，我们的祖先早就注意到了上述台风时不一定无雷的状况，所以记载在《台湾府志》中的这条谚语是："六月十五一雷破九台，七月十五一雷九台来。"

　　这中间的日期是虚，可破可来是真，先人的智慧令人佩服，而我们在用谚时不该只用一半，亦不可不慎！

实际上，夏季午后雷雨又称"气团雷雨"，或"热雷雨"，亦即同一气团中，因局部加热引发对流而成。台风外围为下沉区，区内空气下沉对雷雨成抑制作用，因而台风来前午后的热雷雨会停止，至于台风云墙中的雷雨，是台风自己的强对流所引起，两者成因不同，所以所代表的意义也不同，不能混淆而论。

四、放雨白　台风来

清同治九年（公元 1870 年）陈培桂所撰《淡水厅志》载有："凡白日当天，忽雨忽止，日雨白；主台风即至。"文中的"雨白"是骤雨中透着娇艳阳光的景象，正是台风天的典型样子。这种辐射状光束群，在清晨与黄昏时最易形成，亦最美丽，故有"曙暮光"之称。但放雨白可见于白昼任何多云之时，所以又名霞光。

由气象卫星所摄得之台风云图可见，一个标准的台风包括以下 4 部分：

1. 中心有一个几乎无云的台风眼，它是涡旋中心，是空气下沉绝热增温所成的无云区。

2. 接着有一圈浓密的环状云区，称为云墙，是台风中风雨最大的区域。

3. 云墙以外的螺旋云带区，其中的云带与云带之间有宽窄不一的间隙存在。此螺旋云带有时是对称的，样子极像太极图形，但比较常见的是不对称型，各种样子都有，但可归纳为"6"字与"9"字型，以及不规则型 3 种。平均而言，自中心（台风眼）向外，包括云墙及螺旋云所涵盖范围的直径可达 600 千米（到达台湾的台风其半径通常为 200～300 千米）。

4. 螺旋云区外面就是空气下沉区。

由以上所描述之状况可知，当远洋有台风向我们接近时，我们先落在它外围下沉气流中，天空常是万里无云的深蓝，间有一些像丝绸一样发光的云彩（俗称"台母"）。而后阴晴相间的螺旋云带到达，就变成骤雨还晴也就是"放雨白"的晚娘天了。此时若雨势渐大，放白渐少，终至大风大雨相伴而来，台风的云墙就真的到了。如果遇上台风眼由您的居处过境则会有狂风暴雨骤停的短暂宁静，而后又会因台风眼另一边的云墙到达而再起大风雨。此时风向转变可达 180°。通常影响台湾的台风由东边来，所以台风眼来前吹北至西北风，过后则转南到西南风，所以有"台风回南，大雨滂沱"这么一条天气谚语流传。

雨可以下、落、降、飘，而闽南语的"雨白"却是放的，这正凸显了骤雨相间中阳光的出现如矢，且具间歇性，生动极了。

五、风吵有雨

空气在水平方向的流动称为风，它是个"向量"，也就是说，风不但有大小也有方向。譬如说 7 级的西南风，指的就是自我们西南方吹来，移速约 15 米/秒的气流。本来包在地表上的空气是与地球同步旋转的，但由于各地获得的太阳光热不均匀，致有水平方向的温度差，进而形成气压差，也就是有了高低压的分布，气流就跟着产生了。在地球自转影响下，北半球由高压流出的空气（称辐散）会右偏，而流向低压的空气（称辐合）则左偏，就成了顺与逆钟向旋转的气流。风大致上就是如此形成的。

草在风中

风除了自己就是一种天气现象外，它更是形成其他天气的原因之一，因而对天气特别关心的农、渔业人氏，以及所有的气象专业人员，都能"看风识天气"，而与风有关的谚语也就相当多，比如"西北风开天锁"、"南风吹暖北风寒"，以及"南风吹到底，北风来还礼"，都是一看就知道的经验之谈。不过，也有些风的谚语暗藏哲理，发人深思，比如"风吵有雨，人吵有事。"

风要能吵，至少6级即约12米/秒的强风，而风大代表单位距离内气压变化大。此时树枝摇摆不息，电线发出呼呼之声。对于高低气压两侧而言，低压的一边有空气质量的辐合与上升，而高压的一边则空气质量会辐散与下沉。在我们常见的天气系统中，台风就是前者，寒流与推动冷锋的冷空气则为后者，都会带来风雨。至于人吵有事，应是社会学或行为科学要探讨的话题，就留给大家来思考吧！

所谓"单位距离的气压差"，在气象上叫做"气压梯度"，乘上相关空气的比容（密度的倒数），就是"气压梯度力"。依牛顿第二运动定律知，任何物体受到外力都会移动，是以只要有气压梯度存在，就会使得空气由气压高的地方流向气压低的地方，而在上述流动中，又会因受到地球自转的作用（称地转偏向力）而向气流去向的右边偏（南半球则偏左），当上述两种力达到平衡时所吹的风就是气象学上沿着等压线的"地转风"。据此，地转风的风速也与其气压梯度力的大小成正比。实际的风因受到转向所造成之离心力与地面摩擦力的影响，都与地转风有偏差，亦即有横越等压线的分量存在。这也就是说，我们所观测或感觉到风都包括地转与非地转两部分，且所有的阴雨与相关天气均由非地转风而起。所以"风吵有雨"是合理的。

六、有趣的霜降谚语

"霜重见晴天，霜打红日晒"

这两条谚语都直白地说明在有霜的时候，一般都是晴好的天气，而实际情况也确实如此。上面所说的霜多指辐射霜，出现这种霜，一般都是当地已经受到北方来的冷高压控制，当地处于高压区内，多下沉气流，所以夜间天清月朗，碧空无云，第二天天气仍然晴好。

"雪下高山，霜打洼地"

这条谚语反映了两个气象小知识："高山容易下雪"、"洼地容易结霜"。

为什么"高山上容易下雪"呢？

我们知道空气温度一般是高度越高，气温越低；相反高度越低，气温越高。由于这个原因，当山下地面气温还在0℃以上时，高山上的温度已经在0℃或0℃以下了。

云底离地面的高度从几百米到几千米不等，所以云底的温度也比地面低了许多；云内的温度更低，云内的水汽大量凝结成雪花开始下降。如果此时近地面空气温度较高，那么雪花在降落过程中会逐渐融化，到地面时已成为雨点而不是雪了。如果雪花降落在高山之前尚未能融化，那么高山上肯定是在下雪。也就是说，如果山下已经下雪，那高山上肯定下雪，即便山下地面上没有下雪，高山上也有可能会下雪。在夏天，如果山很高也有可能下雪。这就是雪下高山的道理。

为什么"洼地里容易结霜"呢？

我们知道霜不是从天上降下来的，而是近地层空气中水汽直接在地面或近地面的物体上凝华而成的，因此霜的形成条件与空气温度的垂直分布关系不大。

我们也知道空气温度越低，空气密度越大，比重也越大。而空气是一个流体，这样最冷、最重的空气就会往最低处流动，一旦到达最低处，它就赖在那里不动了，也就在洼地停留积聚逐渐凝华成霜，因此洼地也就较一般的地方容易形成霜，这就是"霜打洼地"的意思。

"一朝有霜晴不久，三朝有霜天晴久"

这条谚语反映了这样一个气象小知识：一天早晨有霜，天气晴的时间不长，3 个早晨有霜，晴天时间维持得会比较长。为什么会这样呢？

霜降前后是赏红叶的最佳时机

前面已经说过，霜是冷高压控制下，春秋季常见的天气现象。形成霜的过程，不论哪一种霜都是空气冷却、水汽碰到冷的物体表面凝华而成的。因此霜的强弱是与冷空气势力的强弱密切相关的。

"一朝有霜晴不久"，说明了冷空气势力不是很强，温度不是很低，且容易移走，因此只能形成一日的霜。冷空气（弱高压）

移走之后，本地转受低气压控制，天气就会转坏。

相反如果连续几个晚上都有霜出现，说明冷高压势力较强，范围大，移动慢、比较稳定，一般能维持几天甚至一周的时间，"三朝有霜天晴久"就是这个意思。

七、牛瘦难挨正月霜

在古老的农业社会里，牛是最主要的动力来源。由犁田（只看犁的造字就知牛在这项沉重工作上的角色有多重）、车水，到拉车、拉磨，都少不了它。可是每当隆冬时分，炎黄子孙发祥地多是冬闲之时，于是人只日食两餐，且以粗茶淡饭为主，至于无事可做的牛当然就更吃不到好料了。但主人总记得它不能饿瘦，以免挨不住正月里满地生霜的酷寒日子。所谓："牛瘦难挨正月霜"正是此意。

正如九九歌所说，一年中最冷的日子在三九至四九间。所谓"九"乃自冬至翌日（约当阳历 12 月 23 日）起逢九加一的节日，因而三九与四九，即自冬至第二天起加 27 天与 36 天，合计下来就是 1 月下旬到 2 月上旬，也就是过农历年的那段日子，是一年中最冷的时候。以台湾而言，1 月台北与台中绝对最低气温分别为 −0.1℃及

千树扫作一番黄，
只有芙蓉独自芳

162

-0.7℃，阿里山更低到 -11.5℃，其冷可见。在这种低温下，就是高山降下瑞雪或雾凇漫山的时候，但较低的西部山坡则以霜害为主。

除此以外，空气的相对湿度（即实测空气中的水汽压与同温度之饱和水汽压比值的百分数）越低霜的结晶越成花状，所以有"尖霜老晴平霜雨"的说法。霜已平铺在地时，显示部分的霜已融化，也就是霜花尖出部分已消失，此时空气之相对湿度已大，是晴转雨的征兆。如果您家冰箱开的温度过低，则放在里面的生鲜蔬菜叶肉会结冰，那就是黑霜，一旦发生即使解冻后那些菜也很难吃或根本就不能吃了。

冷若冰霜

"冷若冰霜"这一成语意思是像冰霜一样寒冷，比喻待人接物态度冷漠，毫无热情，或比喻事态严重，不可接近。人们为什么要用冰霜来作比喻？在自然界中，冰霜到底有多冷？

我们知道，冰霜都是大气中的一种水汽凝结、冻结现象。在地面上，当气温下降到0℃以下时，水就要冻结，变成白色透明的固体，这就是冰。而霜则是由近地层水汽凝华丽成。在深秋或寒冬季节。天气晴朗，无风无云的夜晚，当寒潮袭击，地面气温下降到0℃以下时，近地层空间的水汽就会在地面或物体上凝华成白色结晶的冰屑，这就是霜。

无论是晶莹透明的冰块，还是银白闪亮的寒霜，它们都是严寒天气的产物，人体接触它，就会觉得寒气逼人，冰冷刺骨。所以，用冰霜比喻待人接物的态度冷淡，或不可接近，是很形象的。

地面上的冰霜，只要气温低于0℃就可以见到，但在空中，却还有一种更冷的冰，这种冰的冰点不在0℃，而是在零下几度甚至零下几十度。也就是说，空中存在着一种在0℃不变成冰的水，气象学上称之为过冷却水。水要变成冰，不仅跟温度有关，还跟水滴的大小有关。据计算，直径为1.57毫米的小水滴，变成冰的温度是-6.4℃；直径为0.244毫米的更小水滴，要冷到-13.3℃才能变成冰。在空中，水滴的直径很小很小，所以，即使气温在零度以下，它们也不变成冰。观测实践表明：当气温下降到-10多℃时，云中的大部分水汽都没有变成冰。还有人观测到在云雾中，当温度降低到-40℃以下时，小水滴才全部变成冰。可见，这种冰就更加寒冷到刺骨了。

一提起自然界中的冰霜，人们都认为它是"冷冰冰"的。但是，你知道世界上还有一种烫手的"冰"吗？这种冰的温度很高，人们称之为"热冰"。不过，这种冰是不能自然生成的，它只能靠人工制取。科学家通过实验发现，95℃的水（已接近于开水），在11000个大气压下，也会变成冰块，如果把气压增大到39000个大气压，水制成的冰则需要180多度的高温才能融化它。这种冰不但不会寒冷刺骨，而且还会烫手灼身。如果用它来比喻冷漠无情或冰冷生硬的态度，那就很不恰当了。

八、白露身不露 寒露脚不露

谚云:"白露身不露,寒露脚不露。"这句谚语提醒大家:白露节气一过,穿衣服就不能再赤膊露体;寒露节气一过,应注重足部保暖。

"白露"之后气候冷暖多变,特别是一早一晚,更添几分凉意。如果这时候再赤膊露体,穿着短裤,就容易受凉诱发伤风感冒或导致旧病复发。体质虚弱、患有胃病或慢性肺部疾患的人更要做到早晚添衣,睡觉莫贪凉。秋天病菌繁殖活跃,加之气候比较干燥,易造成病毒、细菌等病原微生物的传播,所以,秋季是呼吸道疾病的多发季节。

寒露过后,气候冷暖多变、昼夜温差变化较大,稍不注意,就易着凉伤风,诱发上呼吸道感染。此外,患有慢性胃病的朋友,生活中也应尽量注意保暖,避免因腹部受凉而导致胃病复发或加重。

寒露后入夜更是寒气袭人。"寒露脚不露"告诫人们寒露过后,要特别注重脚部的保暖,切勿赤脚,以防"寒从足生"。因为两脚离心脏最远,血液供应较少,再加上脚的脂肪层很薄,因此,保温性能差,容易受到冷刺激的影响。

研究发现,脚与上呼吸道黏膜之间有着密切的神经联系,一旦脚部受凉,就会引起上呼吸道黏膜毛细血管收缩,纤毛运动减

寒露时节

弱，人体抵抗力下降，因此，足部保暖格外重要。寒露过后，除了要穿保暖性能好的鞋袜外，还要养成睡前用热水洗脚的习惯，热水泡脚除了可预防呼吸道感染性疾病外，还能使血管扩张、血流加快，改善脚部皮肤和组织营养，可减少下肢酸痛的发生，缓解或消除一天的疲劳。

附录　诗人笔下的风霜露

一、《别董大》①

高　适②

千里黄云白日曛③，北风吹雁雪纷纷。

莫愁前路无知己，天下谁人不识君。

[译文]　千里的云似乎变成了黄色，阳光也如同落日的余辉一般。大雪纷纷扬扬地飘落，群雁排着整齐的队形向南飞去。此去你不要担心遇不到知己，天下哪个不知道你董庭兰啊！

[赏析]　这是一首送别诗，送别的对象是著名的琴师董庭兰。前两句"千里黄云白日曛，北风吹雁雪纷纷"，用白描手法写眼前之景：北风呼啸，黄沙千里，遮天蔽日，到处都是灰蒙蒙的一片，以致云也似乎变成了黄色，本来璀璨耀眼的阳光现在也

---

① 董大：唐玄宗时著名的琴客董庭兰。在兄弟中排行第一，故称"董大"。

② 高适（约700~765）：字达夫，渤海（今河北景县）人。少孤贫，潦倒失意，长期客居梁宋，以耕钓为业。又北游燕赵，南下寓于淇上。后中有道科，授封丘尉。后弃官入陇右节度使哥舒翰幕府掌书记。安史之乱，升侍御史，拜谏议大夫。肃宗朝历官御史大夫、扬州长史、淮南节度使，又任彭州、蜀州刺史，转成都尹、剑南西川节度使。后为散骑常侍，封渤海县侯，病逝。其诗以写军旅生活最具特色，粗犷豪放，道劲有力，是边塞诗派的代表之一，与岑参齐名，世称"高岑"。

③ 曛：昏暗。

淡然失色，如同落日的余辉一般。大雪纷纷扬扬地飘落，群雁排
着整齐的队形向南飞去。诗人在这荒寒壮阔的环境中，送别这位
身怀绝技却又无人赏识的音乐家。

后两句诗，作者以出人意料之笔，一反缠绵悱恻的赠别之作
的俗套，写道："莫愁前路无知己，天下谁人不识君？"郁结心中
之语，喷薄而出。这是对友人的慰藉和鼓励，也是希望友人前途
珍重的祝愿，同时，这两句诗也隐约表现了诗人自己的身世之叹
和愤激之情。

这首诗，诗人以朴实无华、出自肺腑的语言，表达了对友人
的真诚情谊，对前途的坚强信念和对人生乐观旷达的情怀，显示
出盛唐人物昂扬向上的精神，因而为后人所喜爱、传诵。

二、《子夜吴歌》①

李　白②

长安一片月，万户捣衣③声。

秋风吹不尽，总是玉关情。④

---

①　子夜吴歌：即《子夜歌》，属南朝乐府《吴声歌》。多写女子思念之情。本
题共4首，这里选的是第三首，又名《秋歌》。

②　李白（701～762）：字太白，号青莲居士。李白的诗歌想象独特，情感奔
放，夸张大胆，语言清新活泼明快。他是我国伟大的浪漫主义诗人，历史上与杜甫
齐名，并称"李杜"。

③　捣衣：将洗过的衣服或衣料放在砧石上用木杵捣。

④　"秋风"二句：意思是秋风吹不散思妇怀人的愁思。玉关情：思念征人远
戍之情。玉关，即玉门关，在今甘肃省。

何日平胡虏^①，良人罢远征^②?

[译文]　长安城里皓月当空，千家万户捣衣声此起彼落。那阵阵秋风怎么也吹不尽啊，声声都是怀念丈夫的深情。哪日才能荡平敌寇，亲人啊！将从此不再远征。

[赏析]　杰出的浪漫主义诗人李白，在他的创作实践中，十分注意向汉魏六朝的民歌学习，从中获得丰富的养料，充实和发展自己的创作，这首《子夜吴歌》就是诗人向民歌学习而又有所创造的例证。

《子夜吴歌》是六朝时南方著名的情歌，多写少女热烈深挚地忆念情人的思想感情，表现非常真诚缠绵，李白正是掌握住了这种表达感情的特点，在本诗中成功地描写了闺中思妇那种难以驱遣的愁思。

"长安"两句写景，为抒情创造环境气氛。皎洁的月光照射着长安城，出现一片银白色的世界，这时随着飒飒秋风，传来此伏彼起的捣衣声。捣衣含蕴着思妇对征人的诚挚情意。

"秋风"两句承上而正面抒情。思妇的深沉无尽的情思，阵阵秋风不仅吹拂不掉，反而勾起她对远方丈夫的忆念，更增加她的愁怀。"不尽"既是秋风阵阵，也是情思的悠长不断。这不断的情思又总是飞向远方，是那样执著，一往情深。

最后两句思妇直接倾诉自己的愿望，希望丈夫早日安定边疆，返回家园和亲人团聚，过和平安定的生活，表现了诗人对劳

---

①　虏：对敌人的蔑称。
②　良人：丈夫。罢：停止。

动妇女的同情。

这首民歌气味很浓的乐府诗，朴素自然，流丽婉转，真切感人。

三、《茅屋为秋风所破歌》①

杜 甫②

八月秋高风怒号③，卷我屋上三重茅④。茅飞渡江洒江郊⑤，高者挂罥长林梢⑥，下者飘转沉塘坳⑦。

南村群童欺我老无力，忍能对面为盗贼⑧，公然抱茅入竹去，唇焦口燥呼不得⑨，归来倚杖自叹息。

俄顷风定云墨色⑩，秋天漠漠向昏黑⑪。布衾多年冷似铁⑫，娇儿恶卧踏里裂⑬。床头屋漏无干处，雨脚如麻未断绝⑭。自经丧

170

① 选自《杜少陵集详注》。此诗作于上元二年（761）八月。当时安史之乱还没有平定。茅屋：安史之乱时杜甫流寓成都，在浣花溪筑草堂。诗中的茅屋就指成都草堂。

② 杜甫（712～770）：字子美，是我国伟大的现实主义诗人，与李白并称"李杜"。他的诗朴素生动，浓郁顿挫，多方面地反映了那个时代复杂多变的生活。

③ 秋高：秋深。

④ 三重（chóng）茅：几层茅草。三：表多数。

⑤ 洒：散落。

⑥ 罥（juàn）：挂着，挂住。

⑦ 塘坳（ào）：低洼有水的地方。

⑧ 忍：忍心。

⑨ 呼不得：呼不应，不能喊。

⑩ 俄顷：一会儿。

⑪ 漠漠：灰蒙蒙的。向昏黑：渐渐黑下来。向：渐。

⑫ 衾（qīn）：被子。

⑬ 恶卧：睡卧时不安静，胡蹬乱踢。

⑭ 雨脚：落到地面成线的雨点。

乱少睡眠①，长夜沾湿何由彻②！

安得广厦千万间，大庇天下寒士俱欢颜③，风雨不动安如山？呜呼！何时眼前突兀见此屋④，吾庐独破受冻死亦足⑤！

[译文]　八月深秋，狂风怒吼，席卷了我屋顶上的几层茅草。茅草随风飞舞，飘过江去，洒落在江边。那飞得高的挂落在高高的树梢头，那飞得低的就飘落在池塘边。

南村的一群儿童欺负我年老没力气，（居然）忍心这样当面作贼抢东西，毫无顾忌地抱着茅草跑进竹林去了。（我喊得）唇焦口燥也没有用处，只好回来，拄着拐杖，自己叹息。

一会儿风停了，天空中乌云黑得像墨，深秋天色灰濛濛的，渐渐黑下来。布被盖了多年，又冷又硬，像铁板似的。孩子睡相不好，把被里蹬破了。一下屋顶漏雨，连床头都没有一点干的地方，像线条一样的雨点下个没完。自从战乱以来，睡眠的时间很少，长夜漫漫，屋漏床湿，怎能挨到天亮。

怎样才能有千万间高大宽敞的房子，使天下广大的贫寒之士都笑逐颜开，任凭风吹雨打都安稳如山？唉，什么时候眼前才能出现这样的大房子，那时候即使我的房子破烂不堪，人被冷风冻死，也感到心满意足。

[赏析]　《茅屋为秋风所破歌》写于安史之乱之后，是杜

① 丧乱：战乱，指安史之乱。
② 何由彻：如何捱到天亮。彻：彻晓，到天亮。
③ 庇：覆盖，保护。
④ 突兀（wù）：高耸突出的样子。见：通"现"，出现。
⑤ 庐：房子。

甫的晚年诗作，写得沉郁顿挫。杜甫以诗为史，通过自己的不幸遭遇，对人民的深重苦难作了真实的描述，同时抒发了自己关心天下寒士的宽广胸襟。

本诗从描写狂风的肆虐与无情入笔，紧接着浓墨重彩勾勒出南村顽童比狂风更无情，公然欺负年迈无力的老人。老人被顽童的恶作剧激怒，斥责他们为盗贼，尽管喊得唇焦口燥，他还是追不回被哄抢的茅草，只能是"归来倚杖自叹息"。诗人叹息的是什么呢？叹息的是人心不古，世风日下，道德沦丧，孩童顽劣。

"布衾多年冷似铁"，杜甫的生活状况可想而知，全家人盖了几年的被子肯定是脏黑冷硬，已经失去保暖的功能。"娇儿恶卧踏里裂"，娇小的孩子睡觉姿势不好，双脚乱踢，把被子里子都踢破了，诗人是抱怨娇儿吗？应该不是，要怨只能怨自己未能添置新被褥，旧被子就是小孩子不踢被，也是很容易一拉就破。

"自经丧乱少睡眠"，为什么会少睡眠呢？是颠沛流离难安于寝，还是忧国忧民梦寐难安？诗人彻夜难眠，想的决不是一己之欲。

"安得广厦"至结束，写诗人的理想和愿望。诗人从自身的痛苦体验中，联想到广大民众的苦难，从而提出了使人民"俱欢颜"的朴素的愿望，表现了诗人善良的爱心和广济众生的人道主义精神。全诗从叙事入手，因事入情，借景抒情，描写、叙述、抒情相结合，语言明白如话，如脱口而出，且参差错落有序，伴随着情感的跌宕起伏，极富艺术的感染力。

四、《醉花阴》①

李清照②

薄雾浓云愁永昼③，瑞脑消金兽④。佳节又重阳⑤，玉枕纱厨⑥，半夜凉初透。东篱把酒黄昏后⑦，有暗香盈袖⑧。莫道不消魂⑨，帘卷西风，人比黄花瘦⑩。

[译文]　　瑞脑在兽形的香炉里慢慢燃烧，整日望着那薄雾浓云般的轻烟缭绕，我愁绪满怀，时光难熬。又到了佳节重阳，枕着玉枕，躺进纱帐，半夜里却寒气袭来，使人全身着凉。黄昏时，我一边赏菊一边饮酒，好像菊花的幽香沾满了衣袖。不要说这闲愁不使人无比的伤心痛苦，当静垂的窗帘被秋风卷起，只见人比菊花还要消瘦。

[赏析]　　这首词是作者早期和丈夫赵明诚分别之后所写，它通过悲秋伤别来抒写词人的寂寞与相思情怀。

---

①　选自《漱玉词》。《醉花阴》：词牌名。

②　李清照（1084～1151）：号易安居士，著名词人。她的早期作品多表达纯情女子对爱情的渴望与追求，晚年流寓江南，其作品写自己的凄凉身世和不幸遭遇，也抒发了自己对故国和家乡的思念之情。她作品情感细腻，语言清新自然，明白如话，被后人称为"易安体"。

③　永昼：漫长的白天。永：长。

④　瑞脑：即龙脑，一种香料，香气很浓。金兽：兽形的铜香炉。

⑤　重阳：重阳节，农历（阴历）九月初九。古人以"九"为阳数，表长寿，故称"重阳"。

⑥　玉枕：玉做的枕头。纱厨（chú）：纱帐。因罩在床上像厨，故名。

⑦　东篱：借用陶渊明诗"采菊东篱下"之意。这里指重阳赏菊。

⑧　暗香：一般指梅花的幽香，这里指菊花的幽香。

⑨　消魂：即销魂，指魂离开人的身体，形容人极度悲伤痛苦。

⑩　黄花：菊花。

上片写秋凉情景。首二句就白昼来写："薄雾浓云愁永昼。"这"薄雾浓云"不仅布满整个天宇，更罩满词人心头。"瑞脑消金兽"，写出了时间的漫长无聊，同时又烘托出环境的凄寂。次三句从夜间着笔，先点明节令："佳节又重阳"。随之，又从"玉枕纱厨"这样一些具有特征性的事物与词人特殊的感受中写出了透人肌肤的秋寒，暗示词中女主人公的心境。而贯穿"永昼"与"一夜"的则是"愁"、"凉"二字。深秋的节候、物态、人情，已宛然在目。这是构成下片"人比黄花瘦"的原因。

下片写重九感怀。首二句写重九赏菊饮酒。古人在旧历九月九日这天，有赏菊饮酒的风习。宋时，此风不衰。所以重九这天，词人照样要"东篱把酒"直饮到"黄昏后"，菊花的幽香盛满了衣袖。这两句写的是佳节依旧，赏菊依旧，但人的情状却有所不同了："莫道不消魂，帘卷西风，人比黄花瘦"。上下对比，大有物是人非，今昔异趣之感。就上下片之间的关系来说，这下片写的是结果。

全词选取词人白天、半夜、黄昏不同片刻的感受过程"愁"、"凉"、"瘦"入笔，情思委曲绵邈，语言活泼流畅，短短十句，尽画出被离愁折磨得形消玉减的少妇形象。

五、《村夜》

白居易①

霜草苍苍虫切切②，村南村北行人绝。

① 白居易（772~846）：字乐天，号香山居士，唐代著名诗人。唐德宗贞元十六年（800）中进士，官至刑部尚书。他和元稹等人倡导新乐府运动，主张文学创作应"文章合为时而著，歌诗合为事而作"。今存诗近三千首。他的诗深入浅出，平易自然，现实性很强。

② 霜草：被秋霜打过的草。苍苍：灰白色。切切：虫叫声。

独出门前望野田，月如荞麦①花如雪。

[译文]　在一片被寒霜打过的灰白色的秋草中，小虫在窃窃私语，山村的周围行人绝迹。我独自来到门前眺望田野，只见皎洁的月光照着一望无际的荞麦田，满地的荞麦花简直就像一片耀眼的白雪。

[赏析]　唐代大诗人白居易这首诗，乃诗人闲居乡村，因慈母谢世，情绪伤感，难以入眠，面对乡村秋夜之景所作。全诗朴实无华，恬静淡雅，宛如清风拂面，诗意盎然。

"霜草苍苍虫切切，村南村北行人绝"，苍苍霜草，点出秋色的浓重；切切虫吟，渲染了秋夜的凄清。行人绝迹，万籁无声，两句诗鲜明勾画出村夜的特征。这里虽是纯然写景，但萧萧凄凉的景物却透露出诗人孤独寂寞的感情。这种寓情于景的手法比直接抒情更富有韵味。

"独出前门望野田"一句，既是诗中的过渡，将描写对象由村庄转向田野；又是两联之间的转折，收束了对村夜萧疏暗淡气氛的描绘，展开了另外一幅使人耳目一新的画面：皎洁的月光朗照着一望无际的荞麦田，远远望去，灿烂耀眼，如同一片晶莹的白雪。

"月明荞麦花如雪"，多么动人的景色，大自然的如画美景感染了诗人，使他暂时忘却了自己的孤寂，情不自禁地发出不胜惊喜的赞叹。这奇丽壮观的景象与前面两句的描写形成强烈鲜明的对比。诗人匠心独运地借自然景物的变换写出人物感情变化，写

---

①　荞麦：一年生草本植物，子实黑色有棱，磨成面粉可食用。

来是那么灵活自如，不着痕迹；而且写得朴实无华，浑然天成，读来亲切动人，余味无穷。

寓情于景，情景交融，景中有情，情中含景，是此诗的一大特色。灰白的霜草，萧瑟凄清，低鸣的秋虫，如泣如诉，行人绝迹，万籁俱寂，此番景象，不正是诗人此刻孤独寂寞、情绪伤感的写照吗？然而，当诗人步出前门，眼望旷野，展现在诗人面前的又是另一番景象，荞麦花开，在明月的银光之下，灿烂耀眼，使人耳目为主一新，精神为之一振。冬去春来，四季交替，此乃自然规律。作为万物之灵的人，难道不是如此吗？生老病死，不可抗拒，何必作茧自缚呢？想到此，诗人心情豁然开朗。可以说，诗中，诗人有感伤，有孤寂，但没有颓废，没有消沉；有惊喜，更有希望，有诗人对自然的自觉把握，更有对生命宁静平和的思索。

六、《渔家傲》①

范仲淹②

塞下秋来风景异③，衡阳雁去无留意④。四面边声连角

---

① 选自《唐宋词》。《渔家傲》：词牌名，又称《绿蓑令》。此词是范仲淹于宋仁宗康定年间镇守西北时所写。

② 范仲淹（989～1052）：字希文，北宋政治家、文学家。他幼年失父，家境贫寒，对下层百姓体验较深。曾任陕西经略副使。守边关，抗西夏，立下了功劳。后参与"庆历新政"，遭到保守势力的阻挠。

③ 塞（sài）下：边地，指西北边疆。

④ 衡阳雁去：即雁去衡阳。衡阳：即今湖南省衡阳市。衡阳城南有回雁峰，相传雁飞至此不再南去。

起①。千嶂里②，长烟落日孤城闭。浊酒一杯家万里③，燕然未勒归无计④。羌管悠悠霜满地⑤，人不寐，将军白发征夫泪⑥！

[译文]　秋天，西北边地的景色跟内地相比，大不相同。大雁纷纷向衡阳飞去，对此地似乎毫无留恋的意思。四面的边声和军中的号角声同时响起，傍晚，夕辉点点，烟雾缭绕，如屏障一样重重叠叠的山峰里，孤零零的城堡城门紧闭。一杯浊酒无法浇灭思念万里家乡的浓愁。战争还没有结束，根本就没有回家的打算。凄厉的笛声悠悠，厚厚的寒霜满地，使远征戍边的人久久不能入睡，将军白发缕缕，战士泪水涟涟。

[赏析]　宋仁宗康定、庆历年间，范仲淹任陕西经略副使兼知延州，抵御西夏发动的叛乱战争。他在西北边塞生活长达四年之久，对边地生活与士兵的疾苦有较深的理解。本首就是依据词人的亲身经历，描绘边塞风光，抒写爱国情思，反映边塞将士艰苦生活的词篇。

全词分为上下两片。上片写景，首句用"异"字统领上片，点明地点与时令，重在说明边地风光的不同。紧承的雁"无留意"的补充，既写出了边地秋日的荒寒孤寂，也暗示人不可居留。第

---

① 边声：边关羌笛、胡笳、牧马的悲鸣及风吹的凄厉声等。
② 嶂（zhàng）：如屏障一般的山峰。
③ 浊酒：米酒，酒。古人以米酿酒，呈白色，故称浊酒。
④ 燕（yān）然未勒：即未击退敌人，没有建立功业。《后汉书·窦宪传》载，窦宪追击匈奴，北至燕然山，刻石纪功而回。燕然山，即今蒙古国的杭爱山。勒：刻。
⑤ 羌（qiāng）管：羌笛，其声凄厉。悠悠：飘浮不定的样子。
⑥ 征夫：戍边的士兵。

三句从凄厉悲壮的边声入手，从听觉上渲染凄楚荒凉的气氛。四五句用一"闭"字，从视觉上写边塞日暮雄奇壮美而又冷清凄凉的景致，暗寓边地的紧张与危急。整个上片之词充满了肃杀之气。

词的下片抒情，起句的"一杯"与"万里"之比，把将士们的浓浓思乡之情展露无遗。接下来的"归无计"，既言乡愁产生的原因，同时又展现了将士们不消灭顽敌、誓死不回的爱国情怀。词的最后几句，用"人不寐"串起笛声悠悠、寒霜满地、将军白发、征夫泪水几个特写镜头，融情于景，又高度浓缩了边塞将士们思乡之情、爱国之思、征战之苦的复杂矛盾的心绪，并将它们委婉曲致地表现出来。全词意境阔大，格调苍凉，结尾戛然而止，余音绕梁，使人玩味不尽，叹息不已。

本词情调慷慨悲凉，感情深挚沉郁，表现了词人抵御外患、以身许国的英雄气慨及忧国思乡的壮烈情怀。词人以其戍边的实际经历首创边塞词，一扫花间派柔靡无骨、嘲讽弄月的词风，成为后来苏辛豪放派词的先声。

七、《蒹葭》①

蒹葭苍苍②，白露为霜。所谓伊人③，
在水一方④。溯洄从之⑤，道阻且长⑥。

----

① 《蒹葭》：选自《诗经·秦风》。
② 蒹葭：芦苇。苍苍：繁茂的样子。
③ 伊人：那个人。这里指所想念的那个人。
④ 一方：一旁。这里指所居之远。
⑤ 溯洄（sù huí）从之：沿着弯曲的水路去找那人。溯：逆流而上或向上游走去。洄：弯曲水道。从：走近。
⑥ 阻：难行。长：很远。

溯游从之①，宛在水中央②。

蒹葭凄凄③，白露未晞④。所谓伊人，
在水之湄⑤。溯洄从之，道阻且跻⑥。
溯游从之，宛在水中坻⑦。

蒹葭采采⑧，白露未已⑨。所谓伊人，
在水之涘⑩。溯洄从之，道阻且右⑪。
溯游从之，宛在水中沚⑫。

[译文]　　白色的露珠在茂盛芦苇的枝叶上已凝结白色的霜。而我所思念的心上人呢，却远在水的那边。于是，我沿着弯曲的水流往上追寻她，道路却又艰难漫长。我顺着水流往下走去，她仿佛在水中央若隐若现。

白色的露珠在茂盛芦苇的枝叶上还没有完全干。我所思念的心上人呢，却远在河岸边。于是，我沿着弯曲的水流往上追寻她，道路却又艰难陡险。我顺着水流往下走去，她仿佛在河洲若

① 溯游：沿水流顺势而下。
② 宛：好像。
③ 凄凄：青翠茂盛。
④ 晞（xī）：晒干。
⑤ 湄（méi）：水边，岸边。
⑥ 跻（jī）：升高。
⑦ 坻（chí）：水中高地。
⑧ 采采：茂盛的样子。
⑨ 未已：未干。已：止。
⑩ 涘（sì）：水边。
⑪ 右：向右转去。
⑫ 沚（zhǐ）：水中小洲。

隐若现。

　　白色的露珠在茂盛芦苇的枝叶上还依然闪闪发亮。而我所思念的心上人呢，却远在水的那旁。于是，我沿着弯曲的水流往上追寻她，道路却又艰难曲折。我顺着水流往下走，她仿佛在河中的小岛若隐若现。

　　[赏析]　　这是一首怀人之作。作者选取秋水、芦苇、白霜等秋日特定景物入诗，渲染和创造出一片凄清、空寂而苍凉的景象。此时最易撩起空虚怅惘的怀人之情。而在此境中，诗人反复地"溯洄"、"溯游"，不畏道路的漫长、陡险和曲折，但所思念的人却时而"宛在水中央"，时而"宛在水中坻"，时而"宛在水中沚"，飘飘渺渺，若即若离，更突出了诗人渴望见到心上人的愁肠百结、抑郁难掩的心情。

　　全诗着力于环境的营造，移情于景，寓情于景，在自然景色的变换与人物行为的改变中层层递进，不断凸现出深藏心底的相思而不见的愁苦之情。情感表达自然，无突兀生硬之嫌，不知不觉中便可触摸到主人公为爱而勃跳的心。

　　此外，本诗在结构上重复叠句。全诗共三章，句式相同，字数相等，只是在少数地方选用了近义词或同义词，如"萋萋"、"采采"分别放在"苍苍"的位置上，用"未晞"、"未已"去分别取代"为霜"，这样既做到了一唱三叹，使诗人的感情得到了充分的表达，又使诗作行文富有变化而无重复呆滞之感。

八、《夏日南亭怀辛大》①

孟浩然②

山光③忽西落，池月渐东上。

散发④乘夕凉，开轩卧闲敞⑤。

荷风送香气，竹露滴清响。

欲取鸣琴弹，恨无知音赏。

感此怀故人，中宵劳梦想。

[译文]　夕阳忽然间落下了西山，东边池角明月渐渐东上。披散头发今夕恰好乘凉，开窗闲卧多么清静舒畅。清风徐徐送来荷花幽香，竹叶轻轻滴下露珠清响。心想取来鸣琴轻弹一曲，只恨眼前没有知音欣赏。感此良宵不免怀念故友，只能在夜半里梦想一场。

[赏析]　诗的内容可分两部分，即写夏夜水亭纳凉的清爽闲适，同时又表达出对友人的怀念。诗的开头写夕阳西下与素月东升，为纳凉设景。三、四句写沐后纳凉，表现闲情适意。五、六句由嗅觉继续写纳凉的真实感受。七、八句写由境界清幽想到弹琴，想到"知音"、从纳凉过渡到怀人。最后写希望友人能在

---

①　本篇抒写夏夜乘凉，独赏清景，怀念友人的感情。辛大，名字不详。大，排行第一。

②　孟浩然（689～740），字浩然，其诗多写山水田园的幽清境界，却不时流露出一种失意情绪，所以诗虽平淡而有壮逸之气，为当世诗坛所推崇。与王维齐名，并称"王孟"。

③　山光：傍山西下的夕阳余照。

④　散发：古代成年男子束发加冠，夏夜乘凉，就把头发披散开来。

⑤　轩：亭上的窗。闲敞：安静、宽敞的地方。

身边共度良宵而生梦。

全诗感情细腻，语言流畅，层次分明，富于韵味。"荷风送香气，竹露滴清响"句，纳凉消暑之佳句。

九、《月夜忆舍弟》

杜 甫

戍鼓①断人行，边秋②一雁声。

露从今夜白，月是故乡明。

有弟皆分散，无家问死生。

寄书长③不达，况乃未休兵。

[译文]　戍楼响过更鼓，路上断了行人形影，秋天的边境，传来孤雁悲切的鸣声。今日正是白露，忽然想起远方兄弟，望月怀思，觉得故乡月儿更圆更明。可怜有兄弟，却各自东西海角天涯，有家若无，是死是生我何处去打听？平时寄去书信，常常总是无法到达，更何况烽火连天，叛乱还没有治平。

[赏析]　唐乾元二年（759）九月，史思明从范阳引兵南下，攻陷汴州，西进洛阳，一时山东、河南都处于战乱之中。当时，杜甫被贬为华州（今陕西华县）司功参军，因关中大旱，饥荒严重，便弃官离职前往秦州（今甘肃天水县）。杜甫有四个弟弟（杜颖、杜观、杜丰、杜占），但只有杜占跟随在他身边，其余都分散在东部战乱地区。时逢白露节，诗人望着月色，感物伤情，不禁思念起他分散在河南、山东的几位弟弟，情难自己，便

---

①　戍鼓：戍楼上的更鼓。

②　边秋：一作"秋边"，秋天的边境。

③　长：一直，老是。

写了这首饱含念家忧国之情的五律诗。

诗人首联交代背景，渲染气氛："戍鼓"，军鼓，这里指宵禁的信号；"断人行"，行人断绝；"边秋"，一作"秋边"，指秋天的秦州。边城同样战事频繁、戒备森严的背景，荒寂凄凉的景象，都从视觉、听觉的角度描绘了出来。为"月夜"渲染一种压抑、凄凉的气氛。尤其是"一雁声"，失群的孤独，鸣音的哀凄，让人很自然地联想到：此时诗人不就是一只孤雁吗？

颔联点题。"露从今夜白"，既写景，也点明时令。那是在白露节的夜晚，清露盈盈，令人顿生寒意。"月是故乡明"，也是写景，却与上句略有不同。作者所写的不完全是客观实景，而是融入了自己的主观感情。明明是普天之下共一轮明月，本无差别，偏要说故乡的月亮最明；明明是自己的心理幻觉，偏要说得那么肯定，不容置疑。然而，这种以幻作真的手法却并不使人觉得于情理不合，这是因为它极深刻地表现了作者微妙的心理，突出了对故乡的感怀。这两句在炼句上也很见功力，它要说的不过是"今夜露白"，"故乡月明"，只是将词序这么一换，语气便分外矫健有力。从这里也可以看出杜甫化平板为神奇的本领。

颈联承上启下，自然过渡：诗人由望月怀乡自然引出对弟弟的思念，绵绵愁思中夹杂着对生离死别的焦虑和不安。"诸弟分散"是哀，"无家"则是痛，而这深重的哀痛都是战乱引起的，天下像这样家破人离的家庭又有何止诗人一家呢？如此一来，"月夜忆舍弟"的"忆"就显得内涵深广了。

尾联流露不满，深化主题："寄书不达"，寄出的书信送不到收信人手里；一个"长"字，既说明时间之久，又体现状况之频

繁，突出战乱之祸；"况乃"，更何况是；"未休兵"，战乱兵祸还没有止息。诗人进一步抒发自己内心的忧虑和惆怅之情，同时含蓄地表现出安史之乱给人民带来的痛苦和灾难，寄托着对弟弟的手足之情和忧国忧民的博大情怀。主题深化，境界高远。

全诗层次井然，首尾照应，承转圆熟，结构严谨。"未休兵"则"断人行"，望月则"忆舍弟"，"无家"则"寄书不达"，人"分散"则"死生"不明，一句一转，一气呵成。

十、《秋怀（其二）》

孟　郊①

秋月颜色冰②，老客志气单③。

冷露滴梦破④，峭风梳骨寒⑤。

席上印病纹⑥，肠中转愁盘⑦。

疑怀无所凭⑧，虚听多无端⑨。

---

① 孟郊（751～814）：字东野。孟郊潦倒一生，但颇有诗名，与韩愈并称"韩孟"。其诗多写穷愁孤苦的内容，诗风高古险峭、瘦硬生新。有《孟东野诗集》。

② 冰：寒冷。

③ 老客：久客。单：孤怯的意思。

④ 滴梦破：意思是秋夜不能熟睡，时而听到窗间一滴滴清冷的露水声。

⑤ 梳骨寒：尖峭的风吹在病人身上，寒意透入骨髓。

⑥ 席上印病纹：意思是久病卧床，肌肤嵌印着席上的花纹。席上印病纹，是"病印席上文"的倒文。

⑦ 肠中转愁盘：意思是由于愁思太深切已在腹中转成了一个盘，即"愁肠九转"之意。

⑧ 凭：依托。

⑨ 虚听多无端：意思是由于疑怀而无端产生幻觉，即下二句所说把梧桐声当作哀弹。

梧桐枯峥嵘，声响如哀弹①。

[译文]　秋月寒光颜色如冰，老客心气孤怯不安。冰冷露水滴破残梦，尖峭西风刺骨严寒。卧病已久身印席文，愁思日深肠转轮盘。疑虑丛生都无凭据，幻听时现多是无端。梧桐叶枯枝干高耸，声响犹如衷曲奏弹。

[赏析]　孟郊老年居住洛阳，在河南尹幕中充当下属僚吏，贫病交加，愁苦不堪。《秋怀》就是在洛阳写的一组嗟伤老病穷愁的诗歌，而以这第二首写得最好。在这首诗中，诗人饱含一生的辛酸苦涩，抒写了他晚境的凄凉哀怨，反映出封建制度对人才的摧残和世态人情的冷酷。

诗从秋月写起，既是兴起，也是比喻寄托。古人客居异乡，一轮明月往往是倾吐乡思的旅伴，"无心可猜"的良友。而此刻，诗人却感觉连秋月竟也是脸色冰冷，寒气森森；与月为伴的"老客"——诗人自己，也已一生壮志消磨殆尽，景况极其不堪。"老客"二字包含着他毕生奔波仕途的失意遭遇，而一个"单"字，更透露着人孤势单、客子畏惧的无限感慨。

"冷露"二句，形象突出，语言精简，虚实双关，寓意深长。字面明写住房破陋，寒夜难眠；实际上，诗人是悲泣梦想的破灭，是为一生壮志、人格被消损的种种往事而感到寒心。这是此二句寓意所在。显然，这两句在语言提炼上是十分引人注目的。如"滴"字，写露喻泣，使诗人抑郁忍悲之情跃然而出；又如"梳"字，写风喻忆，令读者如见诗人转侧痛心之状，都是妥贴

———————————

①　哀弹：悲哀的弹奏曲声。

而形象的字眼。

"席上"二句写病和愁。"印病文"喻病卧已久，"转愁盘"渭愁思不断。"疑虑"二句，说还是不要作元根据的猜想，也不要听没来由的瞎说，纯是自我解慰，是一种无聊而无奈的摆脱。最后，摄取了一个较有诗意的形象，也是诗人自况的形象：取喻于枯桐。桐木是制琴的美材，显然寄托着诗人苦吟一生而穷困一生的失意的悲哀。

十一、《十五夜①望月》

王 建②

中庭地白③树栖鸦，冷露④无声湿桂花。

今夜月明人尽望，不知秋思⑤落谁家？

[译文] 庭院中月映地白树栖昏鸦，那寒露悄然无声沾湿桂花。今夜里明月团圆人尽瞻望，不知那悠悠秋思落在谁家？

[赏析] 在民俗中，中秋节的形成历史悠久。据《周礼》记载，当时人已在中秋夜击鼓奏乐以迎寒。到后代节日气氛愈来愈浓，此夜常是家人或亲友团聚在一起赏月。所以一旦离别，总会使人逢节思亲。《十五夜望月》正是一首中秋之夜望月思远的

---

① 十五夜：中秋的晚上。

② 王建（约767～831）：字仲初。家贫，"从军走马十三年"，居乡则"终日忧衣食"，四十岁以后，"白发初为吏"，沉沦于下僚，任县丞、司马之类，世称王司马。他写了大量的乐府，同情百姓疾苦，与张籍齐名。

③ 地白：月光满地。

④ 冷露：清冷的露珠。据说露珠是由月光照射产生的。

⑤ 秋思：秋天的忧思。也是古乐府琴曲名。

七绝。它首先给人的印象是情景如画。

"中庭地白树栖鸦"明写赏月环境，暗写人物情态，精炼而含蓄。这是一座朴素的住宅，夜深了，诗人偕客步出厅堂来到庭院。低头但见地上月华如水。一片白色。庭树的影子枝叶扶疏，像是纸上的水墨画。步月者循声望去，树冠间影影绰绰有宿在枝头的几只乌鸦。全句无一字提到人，而又使人处处想到清宵的望月者。"树栖鸦"，主要应该是在十五夜望月时听出来的，而不是看到的。因为即使在明月之夜，人们也不大可能看到鸦鹊的栖宿；而鸦鹊在月光树荫中从开始的惊惶喧闹到最后的安定入睡，却完全可能凭听觉感受出来。"树栖鸦"这三个字，朴实、简洁、凝炼，既写了鸦鹊栖树的情状，又烘托了月夜的寂静。

第二句"冷露无声湿桂花"紧承上句，借助感受进一步渲染中秋之夜。在桂花诸品中，秋桂香最浓。在皎洁的月亮上某些环形火山的阴影曾使富于幻想的人赋予它美好的形象，说它是月宫里的桂树。有的传说还说人间的桂树是天上落下来的种子生成的。王建这句诗因桂香袭人而发。

古人以为霜露之类似雨雪都从天而降，因而诗人探桂时奇怪冰凉的露水把花枝沁得这么湿却没听到一点声音。如此落笔，既写出了一个具体可感的中秋之夕，又表现了夜之深和静，读者仿佛身临其境，觉得桂香与寒气袭人而来了。

第三四句"今夜月明人尽望，不知秋思落谁家"，采取了忽然宕开的写法，从作者的一群人的望月联想到天下人的望月，又由赏月的活动升华到思人怀远，意境阔大，含蓄不露。

天下离人千千万万，怀人愁绪如绵绵秋草，逐处丛生；诗人在思谁是确定的，人人所思也是确定的，说"不知秋思落谁家"并非真不知，而是极写秋思的浩茫浑涵，似虚而实，深得诗歌含蓄之美。

这首诗意境很美，诗人运用形象的语言，丰美的想象，渲染了中秋望月的特定的环境气氛，把读者带进一个月明人远、思深情长的意境，将别离思聚的情意，表现得非常委婉动人。

十二、《如梦令》①

秦　观②

遥夜沉沉如水③，风紧驿亭④深闭。

梦破鼠窥灯⑤，霜送晓寒侵被。

无寐，无寐，门外马嘶人起。

[译文]　夜宿驿亭，长夜漫漫，沉静如水，北风紧吹，驿亭深闭。

此刻，严霜满地，晓寒侵被，我从梦中冻醒，只见一只老鼠对着青光荧荧的油灯偷窥。我再也睡不着了，无边愁绪涌起。正在困倦难眠之时，门外马儿嘶鸣、人声嘈杂。关山路长，新的一

188

---

①　如梦令：此调原名"忆仙姿"，相传为后唐庄宗自度曲，因词中叠言"如梦，如梦"，故改为今名。又名"宴桃源"。

②　秦观（1049～1100）：字少游、太虚，号淮海居士。文才为苏轼赏识，是"苏门四学士之一"。在新旧党争中屡遭贬谪，死于放还途中藤州。他善于以长调抒写柔情，语言淡雅，委婉含蓄，留有余韵。多是男女离愁别恨及身世伤感之作。词集有《淮海词》。

③　遥夜：长夜。沉沉：深沉，寂静。

④　驿亭：古代旅途供过往官员差役休息、换马处。

⑤　梦破：梦醒。鼠窥灯：老鼠胆怯地望着灯盏，想偷吃灯油。

天跋涉又要开始了……

[赏析]　　这首小令写贬途之中旅居客馆的寂寞凄凉。词由静而动，由梦而醒，醒而无寐，隐晦曲折地写出主人公的不安情绪。作者善于用精简的笔力捕捉生活中的典型事物——如凄清的夜景——极具表现力。叠词的使用，增强了全词的表情效果。

首句点明时间是夜晚，"遥夜"即长夜，状出了夜漫漫而难尽的感觉。紧接"沉沉"的叠字，将长夜难尽的感觉再度强化。一句尤妙"如水"的譬喻。

是夜长如水，是夜凉如水，还是黑夜深沉如水，作者不限制何种性质上相"如"，只说"如水"，让读者去体味。较之通常用水比夜偏于一义的写法，有所创新。次句点出地点。"驿亭"是古时供传递公文的使者和来往官员憩宿之所，一般都远离城市。驿站到夜里自是门户关闭，但词句把"风紧"与"驿亭深闭"联一起，则有更多的意味。一方面更显得荒野"风紧"；另一方面也暗示出即使重门深闭也隔不断呼啸的风声。"驿亭"本易使人联想到荒野景况以及游宦情怀，而"风紧"更添荒野寒寂之感。作者虽未言情，但景语中亦见出其情。

"梦破"二字，又流露出多少烦恼情绪。沉沉寒夜做一好梦，更反衬出氛围的凄清。"梦破"大约与"鼠"有关，客房点的是油灯，老鼠半夜出来偷油吃，不免弄出些声响。人一惊醒，鼠也吓跑了，但它还舍不得已到口边的美味，远远地盯着灯盏。"鼠窥灯"的"窥"字，用得十分传神。它那目光闪闪，既惶恐，又贪婪。昏暗灯光之下这一景象，直叫人毛骨悚然，则整个驿舍设备之简陋、寒伧，可窥见一斑。能否捕捉富于特征性的细节，往往是创造独特的词境的成败关键。此句与下句间，有一个从夜深至黎明的时间过程。下句之"送"字、"侵"字都锤炼极佳。天犹未明，"晓"的将临是由飞"霜"知道的，而"霜"的降临又是由"寒"之"侵被"感到的。

"无寐，无寐"的重复，造成感叹语调，再联系"风紧"鼠窥灯"霜送晓寒"等等情景，可以体味出无限的感伤。古时驿站常备官马，以供来往使者、官员们使用。而"门外马嘶人起"，门外驿马长嘶，人声嘈杂，正是驿站之晨的光景。这不仅是写景，从中可以体味到被失眠折腾的人听到马嘶人声时的困怠情绪。同时，"马嘶人起"，又暗示出旅途跋涉，长路关山，白昼难辛的生活又将开始。

此词不直写心境，而是写一夜难寐的所见、所闻、所感。词写长夜沉沉，驿亭风紧，饥鼠窥灯，晓寒侵被，人声嘈杂，驿马长嘶，真实谪徙羁旅的苦境与凄情。

十三、《水调歌头》

叶梦得[①]

霜降碧天静，秋事促西风。寒声隐地初听，中夜入梧桐。起瞰高城回望，寥落关河千里，一醉与君同。叠鼓闹清晓，飞骑引雕弓。

岁将晚，客争笑，问衰翁：平生豪气安在，走马为谁雄？何

[①] 叶梦得（1077～1148）：字少蕴，长州（今江苏苏州）人。绍圣四年（1097）进士，授丹徒尉。崇宁初授婺州教授，召为议礼武选编修官，累迁翰林学士。建炎二年（1128）除户部尚书，三年任尚书左丞。绍兴间，任江东安抚制置大使，兼知建康府、行宫留守，全力抗金。后隐居湖州卞山石林谷，自号石林居士。

190

以当筵虎士，挥手弦声响处，双雁落遥空。老矣真堪愧，回首望云中①。

[译文]　寒霜遍地，碧天清肃，萧瑟的西风催促秋事。深沉的夜色中寒声渐起，响入梧桐深处。我起身离座，迎着西风，登上高楼，回望中原故土，只见关山千里一片寥落，哎！只好借酒浇愁与你同醉了！正当酣饮之际，军中响起密集的鼓声，在一片喧闹声中，报道东方欲晓，演武场上正走马驰射。

可惜我年岁已老，宾客一声欢声笑语，问一问你这个迟暮的老翁：平生的豪气在哪里？走马为谁雄？何以席间壮士，挥手弦响声处，双雁自高空坠落。哎！老了真让人惭愧，却忍不住回头遥望云中郡。

[赏析]　这首词具体写作年代不可确考，大约作于绍兴八年（1138）作者再次任建康府时期。当时，北方大片国土为金兵所据，南宋王朝只拥有半壁河山，建康已成为扼江守险、支援北伐年需的重镇。词中所写秋事、习射等均与宋金战事有关。

上片写夜饮，一片萧瑟凄凉的气氛中，出现了一个"起瞰高城回望，寥落关河千里，一醉与君同"的词人形象。

起首一句，写深秋时节，寒霜遍地，碧天清肃。

第二句，"秋事"，指秋收、制寒衣等事，着此二字，表达了词人西风相催、寒冬将至之际对前方将士的深切关注之情。"寒声"二句，生动地描绘出寒声不是一响而过，而是直入梧桐的枝叶深处，鸣响不止。此二句融情于景，寄寓了词人内心深处的沉

_____

① 云中：云中郡，汉时魏尚、李广曾在此抗匈奴。

忧。"起瞰"三句，为排遣国土沦丧、山河破碎的沉痛之感，只好借酒浇愁，与客同醉。歇拍两句词意顿时扬起，写清晓习射的情景：正当词人与客酣饮之际，军中响起密集的鼓声，一片喧闹声中，报道东方欲晓，演武场上走马驰射，场面紧张而热烈。

下片写西园习射的情景。"岁将晚"句至"双雁"句，写座中宾客正当盛年，武场较胜，欢谈笑语，争相夸美，不禁引起迟暮之年的词人对往事的回忆，使他以自诘的语气喟叹英雄已老、虎士威猛，叹惜自己壮志未酬身先老，羡慕"当筵虎士"英武骁勇报国有期，抒发了词人渴望为国效力的雄心壮志。结拍两句，以慷慨悲凉的笔触，既抒写出词人因年事已高无力报国而惭愧不已的心情，又表达出"烈士暮年、壮心不已"的豪迈情怀。此二句笔力雄健，词情沉郁而又苍劲。

此词为叶梦得的代表作之一。全词笔力雄健，词情沉郁而又苍健，显示了作者高超的艺术功力。词中上片言"回望"，结句说"回首"，前后贯通，反复言说，系念国事，北伐中原之意至为深切，深深反映了词人"烈士暮年，壮心不已"的情怀。整首词于衰病之叹中，与客习射的雄健背景上，透着高远与豪迈，读来令人为作者赤诚的爱国心所鼓舞和振奋。

十四、《鹧鸪天》

贺 铸

重过阊门①万事非，同来何事②不同归？梧桐半死③清霜后，

---

① 阊（chāng）门：苏州城西门。
② 何事：为何。
③ 梧桐半死：比喻丧偶。

头白鸳鸯失伴飞。

原上草，露初晞①。旧栖新垄②两依依。空床卧听南窗雨，谁复挑灯夜补衣！

[译文]　重返苏州老家，想起你已不在人世，不由悲从心来，为何我们同来世上却不能一同归去呢？离开你，我如寒霜后枝叶凋零的梧桐树残存人世；鸳鸯本可相伴到白头，如今只能痛失伴侣孤单飞行。

荒原上的野草，露水刚刚被晒干，昔日的房屋和你的坟茔历历在目，回想过去两情相悦的岁月，让人依依不舍，难以离去。归去后，长夜难眠，一个人躺在床上聆听南窗外的风雨，不由低问，以后还有谁在夜里挑灯为我缝补衣服呢？

[赏析]　这是一首情深辞美的悼亡之作。作者夫妇曾经住在苏州，后来妻子死在那里，今重游故地，想起死去的妻子，十分怀念，就写下这首悼亡词。全词写得很沉痛，十分感人，成为文学史上与潘岳《悼亡》、元稹《遣悲怀》、苏轼《江城子·乙卯正月二十日夜记梦》等同题材作品并传不朽的名篇。

词的上片"重过阊门万事非，同来何事不同归"两句，写他这次重回阊门思念伴侣的感慨。"阊门"，苏州城的西门。说他再次来到阊门，一切面目皆非。因为前次妻子尚在，爱情美满，便觉世间万事都是美好，这次妻子已逝，存者伤心，便觉万事和过去截然不同。

① 晞（xī）：晒干。
② 旧栖新垄：指作者昔日居所和妻子的新坟。

以下两句，以梧桐树的半死、双栖鸟的失伴来比拟自己的丧偶。"清霜"二字，以秋天霜降后梧桐枝叶凋零，生意索然，比喻妻子死后自己也垂垂老矣。"头白"二字一语双关，鸳鸯头上有白毛（李商隐《石城》诗："鸳鸯两白头。"），而词人此时已届五十，也到了满头青丝渐成雪的年龄。这两句形象地刻画出了作者本人的孤独和凄凉。

词的过片"原上草，露初晞"指死亡。晞，干掉。古乐府《薤露》有："薤上露，何易晞；露晞明朝更复落，人死一去何时归？"用草上露易干喻人生短促。

"旧栖"句至结尾复用赋体。因言"新垅"，顺势化用陶渊明《归田园居》五首其四"徘徊丘垅间，依依昔人居"诗意，牵出"旧栖"。下文即很自然地转入到自己"旧栖"中的长夜不眠之思——"空床卧听南窗雨，谁复挑灯夜补衣！"这既是抒情最高潮，也是全词中最感人的两句。这两句，平实的细节与意象中表现妻子的贤慧、勤劳与恩爱，以及伉俪间的相濡以沫，一往情深，读来令人哀恸凄绝，感慨万千。

这首词，艺术上以情思缠绵，婉转工丽见长。作者善于把一些使人捉摸不到的情感形象化，将情与景和谐地融为一体。词中以"梧桐半死"、"鸳鸯失伴"等形象化的比喻，表达了作者内心深处的亡妻之痛，又用草间霜露，比喻人生的短促，这比直陈其事更具艺术效果。末三句"旧栖"、"新垅"、"空床"、"听雨"既写眼前凄凉的景状，又抒发了孤寂苦闷的情怀。

这首词的魅力在于，它体现了人性的深度！发出的是内心的呐喊！

194

十五、《永遇乐》

苏 轼①

明月如霜，好风如水，清景无限。曲港跳鱼，圆荷泻露，寂寞无人见。紞②如三鼓，铿③然一叶，黯黯梦云惊断。夜茫茫、重寻无处，觉来小园行遍。

天涯倦客，山中归路，望断故园心眼。燕子楼空，佳人何在？空锁楼中燕。古今如梦，何曾梦觉，但有旧欢新怨。异时对、黄楼④夜景，为余浩叹。

[译文]　明月寒白似霜，好风凉爽如水，深秋的景色清丽无限。曲港里鱼儿泼喇跳跃，夜露轻轻流泻在圆圆的荷叶，万籁俱寂，这美景没有别人看得见。三更沉沉的鼓声振荡，一片秋叶坠地，铿然如击金石，把我的好梦惊断，我心情凄伤黯淡。夜色茫茫，失落的梦已无处重寻，醒来，我独自走遍庭园。

我这厌倦了宦海风波的天涯行客，向往踏上山中归路，向往返回故乡，多年来，心心念念，望穿了双眼。燕子楼空空如也，佳人今在何处？楼中空锁着旧燕。古往今来的一切都像是梦，又何曾真正从梦中警觉？总忘不了从前的欢娱，现时的愁怨。正如我今天缅怀久远的故事，将来，对着黄楼夜景，人们也会为我深

---

①　苏轼（1037～1101）：字子瞻，又字和仲，号"东坡居士"，世人称其为"苏东坡"。北宋著名文学家、书画家、词人、诗人、美食家，唐宋八大家之一，豪放派词人代表。

②　紞（dǎn）：象声词，击鼓声。

③　铿：象声词，金石声。此状叶落之声。

④　黄楼：在徐州城东门，苏轼守徐州时建。

深叹息，思绪万千。

[赏析]　北宋熙宁十年（1077），苏轼调任徐州知府，在徐州治理水患。在这之前，他已经历了宦海风波，因与王安石政见不和，受到攻击和诬陷，因此要求外放，离开京城在地方为官。这次在徐州，苏轼颇有政绩，治理好了水患，朝廷因此嘉奖他，拨给他款项3万贯。他用此款在城东南建造了一条木坝，还在外围城墙上建了一座楼，名为黄楼。对于荣辱显达，苏轼似乎有所看透。在任上的某一天，苏轼来到城西的燕子楼，并夜宿此楼。因梦唐代著名歌姬关盼盼，感慨人生、命运和历史，写下了《永遇乐·明月如霜》一词。

上片写夜宿燕子楼的四周景物和梦。首句写月色明亮，皎洁如霜；秋风和畅，清凉如水，把人引入了一个无限清幽的境地。"清景无限"既是对暮秋夜景的描绘，也是词人的心灵得到清景抚慰后的情感抒发。

接着景由大入小，由静变动：曲港跳鱼，圆荷泻露。词人以动衬静，使本来就十分寂静的深夜，显得越发安谧了。鱼跳暗点人静，露泻可见夜深。"寂寞无人见"一句，含意颇深：园池中跳鱼泻露之景，夜夜可有，终是无人见的时候多；自己偶来，若是无心，虽眼前，亦不得见。

以下转从听觉写夜之幽深、梦之惊断：三更鼓响，秋夜深沉；一片叶落，铿然作声。梦被鼓声叶声惊醒，更觉黯然心伤。"紞如"和"铿然"写出了声之清晰，以声点静，更加重加浓了夜之清绝和幽绝。片末三句，写梦断后之茫然心情：词人梦醒后，尽管想重新寻梦，也无处重睹芳华了，把小园行遍，也

196

毫无所见，只有一片茫茫夜色，夜茫茫，心也茫茫。词先写夜景，后述惊梦游园，故梦与夜景，相互辉映，似真似幻，恍惚迷离。

下片直抒感慨，议论风生。首三句写天涯漂泊感到厌倦的游子，想念山中的归路，心中眼中想望故园一直到望断，极言思乡之切。此句带有深沉的身世之感，道出了词人无限的怅惘和感喟。"燕子楼空，佳人何在，空锁楼中燕"的喟叹，由人亡楼空悟得万物本体的瞬息生灭，然后以空灵超宕出之，直抒感慨：人生之梦未醒，只因欢怨之情未断。"古今"三句，由古时的盼盼联系到现今的自己，由盼盼的旧欢新怨，联系到自己的旧欢新怨，发出了人生如梦的慨叹，表达了作者无法解脱而又要求解脱的对整个人生的厌倦和感伤。结尾二句，从燕子楼想到黄楼，从今日又思及未来。黄楼为苏轼所改建，是黄河决堤洪水退去后的纪念，也是苏轼守徐州政绩的象征。但词人设想后人见黄楼凭吊自己，亦同今日自己见燕子楼思盼盼一样，抒发出"后之视今亦犹今之视昔"（王羲之《兰亭集序》）的无穷感慨，把对历史的咏叹，对现实以至未来的思考，巧妙地结合一起，终于挣脱了由政治波折而带来的巨大烦恼，精神获得了解放。

苏轼在这首词中有着对人生、命运的感伤，但他能从个人的得失悲欢中脱身出来，从历史无常变迁的角度来观照人生，从而获得某种超越，把握到了生命的本质——无常和空。这是佛教的观念，苏轼深受佛教思想的影响，在词中明显流露出佛教的空观思想。

十六、《蝶恋花》

周邦彦①

月皎惊乌栖不定②，更漏将阑③，辘辘牵金井④。唤起两眸清炯炯，泪花落枕红棉冷。

执手霜风吹鬓影，去意徊徨⑤，别语愁难听。楼上阑干横斗柄⑥，露寒人远鸡相应。

[译文]　月光皎洁，乌鸦惊飞不定，乱纷纷啼鸣，更漏将尽，已听见辘轳汲水的声音。从浅睡中唤起，惊醒的双眸亮晶晶，红棉枕浸透伤别的泪，湿冷如同寒冰。

挽着手为她送行，秋风吹拂她美丽的鬓影，她欲去又迟疑，再三徘徊不定，分离的话语愁不忍听。小楼外，天边空横斗柄，朝露寒冷，伊人去远，只有晨鸡一声声远近呼应。

---

①　周邦彦（1056～1121）：字美成，自号清真居士。他懂音乐，能自作曲，向来被认为是北宋末年的大词人。其词多写男女之情，讲究形式格律和语言技巧，对词的发展颇有影响。王国维称其为"词中老杜"。词集名《清真集》，后人改名《片玉集》。

②　月皎惊乌栖不定：源自曹操《短歌行》："月明星稀，乌鹊南飞。绕树三匝，何枝可依。"

③　更漏将阑：古以铜壶盛水，滴漏以计时刻，谓之铜壶滴漏，因时变易漏刻叫"更"。夜中视漏刻而知时，每更之交，击鼓和击柝以报时谓之"更漏"。阑：残，尽。

④　辘辘牵金井：辘辘：井上汲水用的滑车。金井：井栏上有雕饰者。牵：指绳子在井中上下提水。

⑤　徊徨：犹言彷徨，形容游移不定，徘徊不进的样子。

⑥　"楼上阑干"句：阑干，即栏杆。斗柄：北斗七星，四颗排列像斗杓，三颗排列像斗柄，故云。此处指栏杆像横着的斗柄。

[赏析]　　这是一首写离情的词。将依依不舍的惜别之情，表达得历历如绘。破晓时别离情状，缠绵悱恻，写情透骨。别恨如此，遂不知早寒九为苦矣。两人执手相别后，惟见北斗横斜，耳边晨鸡唱晓，内心益觉酸楚。

　　词作上片写离别前之情景。开首三句自成一段，表现由深夜到天将晓这一段时间的进程。"月皎惊乌栖不定"，写的是深夜，月光皎洁明亮，栖乌误以为天亮而惊起噪动。这是从听觉和视觉，主要是听觉（着重在乌啼，不在月色）方面的感受概括出来的，暗示即将动身上路者整夜不曾合眼。"更漏将残，轳辘牵金井"，时间在推移，更残漏尽，天色将明，井边响起了轳辘声，已有人汲水了。这纯是从听觉方面来写。这三句写从深夜到曙色欲破之景况，均由离人于枕上听得，为下文"唤起"作铺垫。"唤起两眸清炯炯，泪花落枕红棉冷"，"唤起"，既是前三句不同声响造成的后果，又是时间推移的必然进程。即离别的时刻到来了。"两眸清炯炯"，形容一夜未睡熟的情景，如睡熟则应为"朦胧"；又是离别在即时情绪紧张的情景。"炯炯"，是说泪珠发光，联系下句中"泪花"二字，可见这双眼睛已被泪水洗过，"唤起"以后，仍带有泪花，故一望而"清"，再望而"炯炯"。此外，这里还暗中交待这位女子之美貌，"眼如秋水"，烘托出离别的气氛。至于"红棉冷"，则暗示她同样一夜不曾睡稳，泪水已将枕芯湿透，连"红棉"都感到心寒意冷了。

　　词作下片写别时及别后之情景。首三句写门外分别时依依难舍之情状，"执手霜风吹鬓影。去意徊徨，别语愁难听。""霜风吹鬓影"，这句写实，表现出临别仓促和极度悲伤，来不

附录　诗人笔下的风霜露

及也无心情梳妆打扮的情态，极其生动传神，在行人心中刻印下别前最深刻之印象。"霜风"吹拂，鬓发散乱，更增添了暗淡凄凉的气氛。"徊徨"，即"徘徊"，"去意徊徨"，表明行人几度要走，几度却又转回；此外，又表现行人心绪不宁，"徊徨"无主之状。"难听"，不是不好听，而是由于过分难过，即使要想互诉离愁别绪的话语，也听不下去。结末二句，写别后之景象："楼上阑干横斗柄，露寒人远鸡相应。"前句写空闺，后句写旷野，一笔而两面俱到。闺中人天涯之思，行人留恋之情，均不是用言语所能说尽的，故以景结束全词，收到言有尽而意无穷的效果。

全词将别前、别时及别后之情景，都一一写到，画出一幅幅连续性的画面。词中没有深情的直接抒发，各句之间也很少有连结性的词语，而主要是靠所描绘的不同画面，并配以不同的声响，形象地体现出时间的推移、场景的变换、人物的表情与动作的贯串，充分地表现出难舍难分的离情别绪。词作还特别精心刻画某些具有特征性的事物，如惊乌、更漏、辘轳等；着意提炼一些动词与形容词，如栖、牵、唤、吹、冷等，增强了词的表现力，烘托出浓厚的时代气息与环境气氛。